火起源的神话

〔英〕 弗雷泽 著
夏希原 译

U0206623

Myth of the Origin
of Fire

James George Frazer

北京大学出版社
PEKING UNIVERSITY PRESS

图书在版编目（CIP）数据

火起源的神话/（英）弗雷泽（Frazer, J. G.）著；夏希原译. —北京：北京大学出版社,2013.6

（沙发图书馆·星经典）

ISBN 978 – 7 – 301 – 22460 – 1

Ⅰ.①火… Ⅱ.①弗… ②夏… Ⅲ.①火 – 自然科学史 Ⅳ.①N09

中国版本图书馆 CIP 数据核字（2013）第 084123 号

书　　　名：火起源的神话
著作责任者：〔英〕弗雷泽　著　夏希原　译
策 划 编 辑：王立刚
责 任 编 辑：王　莹
标 准 书 号：ISBN 978 – 7 – 301 – 22460 – 1/C · 0901
出 版 发 行：北京大学出版社
地　　　址：北京市海淀区成府路 205 号　　100871
网　　　址：http://www.pup.cn
新 浪 微 博：@北京大学出版社
电 子 信 箱：pkuwsz@163.com
电　　　话：邮购部 62752015　发行部 62750672　编辑部 62755217
　　　　　　出版部 62754962
印 　刷 　者：北京汇林印务有限公司
经 　销 　者：新华书店
　　　　　　965 毫米×1300 毫米　16 开本　14 印张　200 千字
　　　　　　2013 年 6 月第 1 版　2013 年 6 月第 1 次印刷
定　　　价：35.00 元

目　　录

总　序

古典人类学指近代学科发生以来(19 世纪中叶)出现的最早论述类型。就特征而论,它大致相继表现为进化论与传播论,前者考察人文世界的总体历史,主张这一历史是"进化"的,文明是随时间的顺序由低级向高级递进的;后者叙述人文世界各局部的历史地理关系,视今日文化为古代文明之滥觞。

"古典时期",人类学家广搜民族学、考古学与古典学资料,心灵穿梭于古今之间,致力于解释改变人文世界"原始面目"的因由,他们组成了学识渊博、视野开阔、思想活跃的一代风骚。

古典人类学家抱持远大理想,对人文世界的整体与局部进行了历史与关系的大胆探索。

兴许由于理想过于远大,古典人类学家的探索有时不免流于想象,这就使后世学者有了机会,"以己之长攻其所短"。

20 世纪初,几乎只相信直接观感的人类学类型出现于西学中,这一人类学类型强调学者个人的耳闻目见,引申实验科学的方法,将之运用于微型区域的"隔离状"的研究中。

这一学术类型被称为"现代派"。

现代派并非铁板一块。虽则现代派崇尚的民族志基本依据对所谓"原始社会"与"乡民社会"的"田野工作"而写,但学者在分析和书写过程中所用之概念,情愿或不情愿地因袭了欧洲上古史既已形成的观念,而这些观念,曾在古典人类学中被视作认识的"客体"得到过考察。另外,在现代派占支配地位的阶段，诸如法国社会学派的比较之作，及美国人类学派的历史之作，都更自觉地保留着浓厚的古典学派风范，刻意将观察与历史相结合。

然而，现代派的确使民族志方法流行起来，这使多数人类学叙述空前地注重小写的"人"，使其制作之文本愈加接近"普通人生活"的复述。此阶段，"直接观察""第一手资料"的"民族志"渐渐疏远了本来富有神话、宇宙论与历史想象力的大写的"人"的世界。

现代派"淡然"远离人文世界渊源与关系领域研究。这一做派到1950年代至1980年代得到过反思。此间出现的新进化论派、新世界史学派及新文化论派，局部恢复了古典派的"名誉"。

可是不久，这个承前启后的学术"过渡阶段"迅即为一股"洪流"冲淡。后现代主义给人类学带来"话语""表征""实践""日常生活""权力"等等诱人的概念，这些概念原本针对现代派而来，并偶尔表现出对于此前那个"过渡阶段"之成果的肯定，然其"总体效果"却是对于现代派"大历史"进行否定的新变相（也因此，后现代主义迅即被众多"全球化"的宏大叙述替代，并非事出偶然）。

当下西学似乎处于这样一个年代——学术的进步举步维艰，而学者的"创造力自负"和"认识革命迷信"依然如故。

在中国学界，古典人类学也经历了"漫长的20世纪"。

进化论思想曾（直接或间接）冲击清末的社会思想，并于20世纪初经由"本土化"造就一种"新史学"，对中国民族的"自传"叙述产生深刻影响。接着，传播论在清末以来的文化寻根运动及1920年代以中央研究院历史语言研究所为中心的民族学研究中得到了运用。西学中出现现代派不久，1930年代，以燕京大学为中心，同样地随之出现了建立现代派的运动，这一运动之一大局部，视现代派民族志方法为"学术原则"，对古典派冷眼相看。与此同时，本青睐传播论的中国民族学派，也悄然将以跨文明关系研究为主体的传播论，改造为以华夏古史框架内各"民族"之由来及"夷夏"关系之民族史论述为主干的"民族学"。

"中国式"的社会科学"务实论"与历史民族学"根基论"，消化了古典人类学，使学术逐步适应国族建设的需要。

　　1950 年代之后，古典人类学进化论的某一方面，经由苏联再度传入，但此时，它多半已从学理转变为教条。

　　而学科重建（1980 年代）以来，中国学术再度进入一个"务实论"与"根基论"并重的阶段，一方面纠正 1950 年代出现的教条化误失，一方面复归 20 世纪上半期学术的旧貌。

　　学术的文化矛盾充斥于我们亲手营造的"新世界"——无论这是指世界的哪个方位。在这一"新世界"，搜寻古典人类学之旧著，若干"意外发现"浮现在我们眼前。

　　经典中众多观点时常浮现于国内外相关思想与学术之作，而它们在当下西学中若不是被武断地当作"反面教材"提及，便是被当作"死了的理论"处置，即使是在个别怀有"理解"旧作的心境的作者中，"理解"的表达，也极端"谨慎"。

　　而在今日中国之学界，学术风气在大抵靠近西学之同时，亦存在一个"额外现象"——虽诸多经典对前辈之"国学"与社会科学论著以至某些重要阶段的意识形态有过深刻影响，又时常被后世用来"装饰"学术论著的"门面"，但其引据对原版语焉未详，中文版又告之阙如（我们常误以为中文世界缺乏的，乃是新近之西学论著，而就人类学而论，它真正缺乏的，竟是曾经深刻影响国人心灵的原典之译本）。

　　文明若无前世，焉有今生？学术若无前人，焉有来者？

　　借助古典派（以及传承古典派风范的部分现代派）重归人文世界的时空之旅，对于企求定位自身世界身份的任何社会——尤其是我们这个曾经有过自己的"天下"的社会——而言，意义不言而喻。

　　译述古典派论著，对于纠正"自以为是"的态度，对学术作真正的积累，造就一个真正的"中文学术世界"，意义更加显然。

王铭铭

2012 年 9 月 29 日

译者前言

　　詹姆士·乔治·弗雷泽是活跃于 19 世纪末至 20 世纪初的英国人类学家、民俗学家。他 1854 年出生于苏格兰,先后就读于格拉斯哥大学与剑桥大学,后来又在剑桥大学担任人类学教职。弗雷泽一生作品宏富,那部享誉世界的巨著——《金枝》正是出自他的手笔。不同于那些探讨"巫术""图腾"或"外婚制"的大部头作品,他这本《火起源的神话》则是以世界各地的火神话组织起来的小册子。这本书中所记录的火神话几乎涵盖了所有大洲,其中对于如澳洲、北美等土著部落的神话记载尤为详细。从学术派别的角度讲,弗雷泽乃是属于"进化论"阵营的人类学家,具体而言,又是英国的苏格兰进化论派之代表。这个学派一方面重视对世界各地社会文化现象进行进化发展序列上的先后排列,同时又以"智识主义"的问题为主旨,偏爱探讨人类理性的发展规律。他在《金枝》一书中将人类思维方式排列为巫术、宗教和科学三个阶段,就是这方面最突出的表现。《火起源的神话》与此类似,在这项研究中他根据各民族的火神话将人类使用火的历史划分为无火时代、用火时代与燃火时代三个阶段,分别对应人类从茹毛饮血到借用自然火,再到掌握人工取火术的各个时期。弗雷泽认为,神话作为"原始人的哲学",可以透露史前时代的蛛丝马迹,从而为还原历史、了解人类智识之发展提供参照。例如,他认为火神话中的某些常见情节、桥段——如住在地下、海中的火神、手掌虎口冒出火苗等——可以说明原始人所见证的火之出处,地下、海底的火神是火山、波光的化身,而手掌冒火则暗示了他们看到其他民族钻木取火时的费解与惊叹。

　　与现代标准化的学术著作不同，以弗雷泽为代表的古典人类学著作是非常注重文采的，这使得其作品读起来特别有趣味，就像《金枝》那样，将读者带入整个人类宗教文化的长廊中。而《火起源的神话》，则令我联想起《柳林风声》这样的苏格兰童话故事，这是因为世界各地的火神话大多是以本地动物为主角的，他们就像童话中那些拟人的动物形象一样，性格鲜明、别具特色。或许，弗雷泽作品的更大魅力还在于，使我们领略了他驾驭比较研究方法的娴熟能力，从而体现出文明与野蛮、文化与文化的相互关联，也只有这样的视野才不负"人类之学"这样的名号。当然，以今日的眼光看来，弗雷泽所使用的进化论框架已经显得很陈旧了，甚至被反对西方中心主义的学术伦理列为思想上的"禁忌"。此外，弗雷泽虽已初步涉猎了印度、中国、希腊等古文明的火起源神话，却没有探讨火崇拜曾占有重要地位的古波斯文明，这也不失为一个遗憾。但是，正如弗雷泽自己所说的那样，他只是在探索神话世界的葡萄园中摘取第一串果实的人，还有一整园的熟葡萄等待着后人跟上他的脚步……也正是如此，几十年后，面对同样的动物神话系列，列维-施特劳斯等人类学家才为我们展现了更为丰富的土著人心灵世界——一个个由精灵、动物、人或神构筑的精彩人文世界。弗雷泽在神话研究上的地位可见一斑。

　　本书的翻译，主要是我在北大攻读人类学博士期间利用课余时间完成的。之前恰逢王铭铭教授在"人类学与神话学"等课堂上讲授古典人类学方面的知识，使我受益不菲。当然，因译者学识有限，翻译中难免错误，还请读者们指正。

夏希原

2011 年 10 月于北大畅春新园

前　言

　　神话可以被看做是原始人的哲学。对于那个自古以来就为人类思想所不得不面对的世界，正是神话最早开始了对它的思考。所以，人们所从事的这种探索，较之后来的哲学活动乃至更后来的科学事业而言，并没有什么区别。有那么多令人不解的谜团，使得我们难以抑制自己的本能，想要去揭示那隐藏在秘密背后的真相，我们也曾经、一直对此充满着希望，尽管一代又一代的学者们苦苦求索却都无果而终。这是一项无止境的探索，因为所面对的，是无边的思想大厦，神话的、哲学的、科学的，各种思想自信地铸造起来，坚固得宛如堡垒，永恒的堡垒，然而，它们又是匪夷所思、令人琢磨不透的，像虹霞中的一抹幻影，像阳光下划过的一闪蛛丝，像溪水中汩汩腾起的几颗浪珠……昙花一现，稍纵即逝。重要的并不是哲学家或博物学家们挑战了他们的前辈——神话作者，而是某些事情在古今之间的贯通。难道不是这样吗？连作为最伟大的哲学家之一的柏拉图在阐述他自己理论的若干思路时，也采用了神话式的过渡，这些字句似乎信手拈来、无足轻重，却最终可能会比他刻意铸就起来的那些论证更有活力。《斐德罗篇》中天马行空的想象力、《理想国》里令人难忘的洞穴比喻，都是出自这位超群的神话运用者之手笔——他是最伟大的通神者（*Pontifex Maximus*）*。

　　所以，要写就一本哲学的历史，甚至是科学的历史，都应当从围绕神

---

　　* 这个词原意是指古罗马的大祭司。——译者

话的讨论开始。现在我们已经认识到神话的重要性,它保存着人类思想在萌生之际的种种样貌;我们收集神话、比较神话,不再是为了研究静止的环境,而是探索我们这个物种在智识上的演进。还需要完成大量的收集和比较工作,才能把全世界的神话都编纂、分类以制成一本《神话总集》。这就像一座神话的博物馆,展示人类思想的遗存,明示人类思想进程中的早期状态,从它最低的起点到其还不为人知的至高成就。写出本书和我的其他著作,都是为了致力于一项巨大的工程,即对人类思想的考古研究,这项工作还远远没有完成。

J. G. 弗雷泽

1929 年 12 月 8 日

第一章
导　论

　　在人类所有的发明创造中,对如何使用火的发现可能是最重大和深远的。这个发现必定要追溯到极为久远的年代,因为似乎没有哪一个原始部落不知道如何使用火、如何取火。[1] 事实却是,很多原始部落和文明民族都有这样的传说:他们的祖先起初并没有火,然后才学会了如何使用火,以及如何从木头、石头中取火的方法。这些讲述者恐怕并不是根据真实的记忆来进行创作,而更可能仅仅是在猜测;在人类的思想还处在早期阶段的时候,当他们需要思考生活与社会的起源时,面对关于火的这个难以回避的难题,他们就猜测、创造出一种解释。简而言之,这些故事似乎不是传说就是神话。然而,就算是神话,它们也值得研究,这是因为神话虽说并没有正确反映它们想要解释的事情,却无意间透露出那些创作神话及对其信以为真的人们有着怎样的心智境界;毕竟,对人类心智进行研究的重要性并不亚于对自然现象的研究,所以这个问题是不应该被忽视的。

　　当然,抛开刚才我们所谈的,那些或许可称为心理学意义的东西,对于人类最早如何习得了取火的方法和用火的关键,神话中不少关于火起源的故事至少还是包括了一些可能的解释。这样看来,收集和比较人类在这个主题下的传统故事就似乎很值得了,一来可以提供关于原始"野蛮

---

[1]　(Sir) E. B. Tylor, *Researches into the Early History of Mankind*(London, 1878), pp. 229 *sqq.*

人"的概括性结论,二来在某些具体问题上也会对我们有所帮助。据我所知,迄今为止还没有任何对传统故事的全面收集[2],而我在这里所进行的,也仅仅是一个初步的考察,或者好比培根所谓的全面丰收季中的第一串熟葡萄。[3] 如我后继有人,那么这些学者将肯定会填补我所留下的空白,或说,去继续实现培根的比喻,去采摘葡萄园里未曾被我发现,或令我难以触及的丛丛果实。

为了能够说明这些神话传说的传播,以及确定它们在多大程度上相互关联,我将根据其地理位置来安排讨论,或者差不多也可说,是按照民族的顺序,从已知的最低级的野蛮民族开始,也就是塔斯马尼亚的诸民族。

---

〔2〕 阿达尔伯特·库恩(Adalbert Kuhn)曾经在一篇著名论文中讨论过火起源的神话故事(*Die Herabkunft des Feuers und des Göttertranks*, second edition, Gütersloh, 1886),显示了其博学与才智;但是他主要将自己的研究限制于雅利安的神话内,主要是印度人和希腊人。安德鲁·朗(Andrew Lang)也曾对野蛮民族中偷火种故事的传播产生过兴趣,并且他说自己曾对这种神话进行过"一个小范围的收集",收录在其著作 *La Mythologie* (pp. 185—195),这本书我还没有拜读。参见他的文章:"Mythology" in *The Encyclopedia Britannica*, Ninth Edition, xix. 807 *sq.*; *Modern Mythology* (London, 1897), pp. 195 *sqq.* 以及 A. Bastian, "Die Vorstellungen von Wasser und Feuer", *Zeitschrift für Ethnologie*, i. (1869) pp. 379 *sq.*; S. Reinach, *Cultes, Mythes, et Religions*, iii. (Pairs, 1908), "Aetos Prometheus," pp. 83 *sq.*; E. E. Sikes, "The Fire-Bringer", prefixed to his edition of Aeschylus, *Prometheus Vinctus* (London, 1912), pp. ix—xv; Walter Hough, *Fire as an Agent in Human Culture* (Washington, 1926), pp. 156—165 (*Smithsonian Institution, United States National Museum, Bulletin* 139)。
〔3〕 *Novum Organum*, ii. 20.

第二章
塔斯马尼亚的火起源神话

塔斯马尼亚蚝湾(Oyster Bay)部落的一个土著这样讲述火是如何传播到他们民族中来的：

"很久很久以前,我的父亲和祖父都生活在村子里,那时他们还没有火。我们村有座小山,有一天来了两个黑人,他们在山脚下睡觉。我的父亲和其他村民在山顶上看到他俩站在最高处,把火高高抛起,像星星一样,然后落在村民中间,村民们吓坏了,全都跑掉了。不久之后,他们回到这里,就匆忙用木头取火,在这之后我们就一直保存了火种。那两个黑人住在云彩里,在晴朗的夜里,你可以看见他们就像星星一样在那里。[1]就是他们把火带给了我的父辈。

"这两个黑人在我父辈的土地上并没逗留多久。有两个女人在靠近一个岩石滩的地方洗澡,这个地方有很多河蚌。这两个女人都愁眉苦脸,因为她们的丈夫不忠,与别的女孩跑掉了。女人们很孤独,就在水里游泳,潜水寻找蝲蛄。一条黄貂鱼藏在一个岩石的洞穴里,这可是一条巨大的黄貂鱼！这条大鱼有根很长的矛*,它从洞穴里监视这两个潜水的女人,然后就用矛刺她们——把她俩杀死,掳走了。就这样,她们消失了一段时间。不久之后大鱼又游回来了,在靠近沙滩的岸边,找了块静水休息

---

〔1〕 双子座的 α 星和 β 星。

　*　应该指的是黄貂鱼细长尖锐的尾部。——译者

下来,那两个女人也在那,稳稳地插在矛上,已经死了! 那两个黑人前来
与黄貂鱼搏斗,用矛与它周旋,最后把它杀掉了,可是女人已经没命了!
这两个黑人就用木柴生了堆火,他俩把两个女人放在火的两边:这时女人
还是死的!

　　"黑人找了些蚂蚁,那种蓝色的蚂蚁(*puggany eptietta*),把它们放在
女人的胸膛(*parugga poingta*)上。蚂蚁狠狠地啃咬着女人,她们就复活
了——再一次醒了过来。不一会儿,又出现了一团雾(*maynentayana*),这
雾黑得像夜一样。这两个黑人就走了,女人也不见了,他们走进了那团
雾,那团浓浓的黑雾! 他们居住在云彩里。在寒冷、晴朗的夜晚,你可以
看见两颗星星,那两个黑人在那里,两个女人也陪伴着他们,他们全都跑
到天上去了!"[2]

　　在这个故事里,火的起源是和星星有关系的,也就是双子座的 α 星和
β 星,它们曾经以人类的形象出现在大地上,把"像星星一样"的火抛给没
有火的人们。但是我们并不清楚,火到底是像第一个故事中那样由给予
者从天上带来的,还是在他们永久定居在天上时把火带上去的。总之,塔
斯马尼亚人是把火的起源与星星联系在一起,还是与地联系在一起,仍不
能确定。

---

〔2〕　Joseph Milligan, in *Proceedings of the Royal Society of Tasmania*, vol. iii. P. 274, quoted by
James Bonwick, *Daily Life and Origin of the Tasmanians* (London, 1870), pp. 202 *sq.*; R.
Brough Smyth, *The Aborigines of Victoria* (Melbourne and London, 1878), i. 461 *sq.*; H.
Ling Roth, *The Aborigines of Tasmania* (London, 1890), pp. 97 *sq.*

第三章
澳大利亚的火起源神话

维多利亚一带的土著"有一个传说,那种可以安全使用的火,最早专属于居住在格兰屏山脉(Grampian Mountains)的乌鸦,这群乌鸦考虑到火价值不菲,就不允许任何动物分享哪怕一点。然而,一只名叫羽罗英吉尔(*Yuuloin keear*)的小鸟,也就是火尾鹩鹩,发现乌鸦们喜欢丢火把来取乐,它就趁机叼住一根,飞走了。一只名叫塔拉库克(Tarrakukk)的隼从鹩鹩那里夺走火把,把整个村子都点燃了。从那时起,人们就总能从着火的地方取得火种"[1]。

这里提到了格兰屏山脉,它坐落在维多利亚西南部,似乎说明这个故事在周边相邻的土著中都是有所流传的。但是,在维多利亚最东南的吉普斯兰(Gippsland),土著们又讲到了一个类似的故事。据他们所说,以前当地人是根本没有火的,人们处于悲伤的绝望中,他们没法做饭,也生不起营火,天气寒冷时无法御寒。两个女人独享着火(*tow-er-a*),但她们对黑人们却没什么好感,就非常严密地守卫着火。有个和黑人们关系不错的男人决定从女人手里取得火,为此他假装爱慕这两个女人,在旅行中与她们为伴。一天,机会来了,他偷到火把,藏到身后就逃走了。然后他就把偷来的火给了黑人,从此就被奉为降临火种的人。他现在化作一只

[1] James Dawson, *Australian Aborigines* (Melbourne, Sydney, and Adelaide, 1881), p.54.

小鸟,尾巴上有红色的标记,这就是火的记号。[2]

在吉普斯兰的这个故事里,这只尾巴上有红色标记的小鸟无疑同第一个故事里的"红尾鹟鹩"一样。但这里的传说将盗火贼描述为一个人,而后才幻化成鸟。还有一种更为简短的版本,"据吉普斯兰人的传说,火是在很久以前由他们的祖先从宾巴瑞特(*Bimba-mrit*,火尾雀)那里以非常有趣的手段取得的"[3]。

在远离吉普斯兰的昆士兰北部,当地人也喜欢把火的起源和小鸟联系起来。居住在昆士兰东岸格拉福顿海岬(Cape Grafton)的土著们说,在很久以前,地球上根本没有火这种东西,一只叫做宾杰宾杰(Bin-jir Bin-jir)的红背小鹟鹩飞到天空中采集到了一些火。在它成功后,为了不让地上的朋友占到便宜,它就把火藏在了尾巴下面。回来后,朋友向它打听战果,它就骗朋友说自己的搜索无功而返,却又建议朋友试试用不同种类的木头取火。它的朋友就开始在各种各样的木材上试验,希望通过在一根木条顶端钻木的方式取得一点火苗。但是这种尝试也无济于事,最终只好绝望地放弃了,然后转过身来这位朋友却突然大笑起来。宾杰宾杰问朋友有什么好笑的。"为什么?"朋友回答说,"你尾巴尖上粘了些火!"这指的是小鸟后背的红点。宾杰宾杰只好承认,它确实弄到了些火,最后也告诉了朋友它是从哪种专门木材上取得的火。[4]

在这两个讲述火由鸟带来的故事中,一个以鹟鹩为主人公,另一个将雀鸟当做主人公。但是考虑到澳大利亚似乎是没有鹟鹩的,所以我估计这种小鸟实际是薮鸟。这种鸟约有小画眉那么大,生活在澳洲较密集的灌木丛或矮树林中。现在已知有两个亚种,西部薮鸟和棕薮鸟。前者更大一些,上半身是褐色的,羽毛上有些深色的条纹,而喉部和腹部是红白

[2]　R. Brough Smyth, *The Aborigines of Victoria* (Melbourne and London, 1878), i. 458.

[3]　E. M. Curr, *The Australian Race* (Melbourne and London, 1886—1887), iii. 548.

[4]　Walter E. Roth, "Superstition, Magic, and Medicine," *North Queensland Ethnography*, Bulletin No. 5 (Brisbane, 1903), p. 11.

色的,胸部还有一颗大黑点,其侧翼也是褐色的,下面的羽毛则呈红褐色。棕薮鸟则在西部薮鸟前身呈白色和黑色的部分都覆盖以棕色的羽毛,[5]这种鸟还有红润的尾巴,这可以印证那个把火藏在尾巴下的故事。显然,这个故事仅仅是一则意在解释鸟类羽毛颜色的神话。

在其他的澳大利亚传说中,第一个把火带来的角色并不是鹩莺类小鸟,而是隼。比如有这样一个故事:很久以前,一只小袋狸独自拥有着一根火把,它极其自私地珍藏着,无论走到哪都带在身旁,也从不借给别人。于是,其他动物就聚在一起商讨,决心一定要千方百计把火搞到手。隼和鸽子被委任去完成这个使命。苦口婆心的劝说无济于事,袋狸还是不愿意和邻居们分享宝贝,鸽子就瞅准一个袋狸毫无防备的机会俯冲下来,要夺取火把。袋狸在绝望中把火把向水里扔去,妄图让它永远熄灭,谁也别想得到。但是一只眼尖的隼正好在旁边盘旋,它在火把落入水中前扑下来,用翅膀猛地一击,使火把越过溪水,落到了对岸长长的干草地上。草地燃烧了起来,大火席卷了整个地区。黑人们这才能享受到火,他们说,这无疑是件好事。[6]

此外,在今天新南威尔士州一带的部落中,确切地说是在过去,曾有个流传十分广泛的故事:讲述的是在最初的时候,地球上居住着一个特别强大的种族,尤其是在法术方面,比现在居住在这里的人强很多。据说,这个种族被不同的部落冠以不同的名字。瓦西瓦西人(Wathi-wathi)管他们叫布库姆瑞(Bookoomuri),并且说,他们最后变成了各种动物。关于火起源的故事也是这样开始的:传说以前有两个布库姆瑞人独占着火种,其中一个是库拉宾(Koorambin),也就是河鼠;另一个是潘达文达(Pandawinda),也就是鳕鱼。这两个人在墨累河(Murray River)岸边的芦苇中

---

[5]　Alfred Newton and H. Gadow, *A Dictionary of Birds* (London, 1893—1896), p.822.

[6]　James Browne, in the *Canadian Journal*, vol. i. p. 509, quoted after Wilson by R. Brough Smyth, *The Aborigines of Victoria*, i. 460. 对于讲述这个故事的部落的名字,文献中并没有记载。

找到块空地,自私地守护着火的秘密。布库姆瑞族的其他人,以及人类在
那时的祖先都想从他俩那里搞到一点火,却都以失败告终。直到有一天,
河鼠和鳕鱼在芦苇中烧烤从河里打捞的蛤蜊时,被卡瑞拉瑞(Kari-
gari)——也就是隼——发现了,当然,它也是由布库姆瑞人变来的。隼飞
到他俩看不见的高度,然后制造了一团旋风,向干芦苇吹去,使得火向四
处分散开来,于是整个芦苇滩就一下子燃烧了起来。大火向森林席卷而
去,在树林中烧出很多空地,这些地方再也没有树木生长起来。这就是为
什么今天在墨累河畔有很多荒芜的平地,这些地方曾经都是有植
被的。[7]

这个地区的另一个部落塔塔希(Ta-ta-thi)讲述了一个类似的故事。
他们管河鼠称做恩格乌拉宾(Ngwoorangbin),说它住在墨累河带的一个
小屋里,这里保存着火种,它从水里捕捞蛤蜊,然后就在这里烧熟。火被
它自私地独享。有一天它下河捞蛤蜊的时候,一颗火星飘了出来,被一只
小隼(Kiridka)发现了,小隼已经有一些可燃物在手,于是它点了把火,不
仅把下面河鼠的小屋烧掉了,也把周边的丛林烧掉了许多,所以,这片平
原至今还是寸草不生。从此之后,黑人们就知道如何通过摩擦来取
火了。[8]

昆士兰东南部的卡比(Kabi)部落有这样的传说:开始时有一只聋蝰
蛇独自拥有着火,把它稳妥地藏在嘴里。很多鸟类都想尝试去搞到一些,
但是全没成功,直到有一只小隼跑到蝰蛇面前,表演起滑稽的丑剧,使得
蛇忍俊不禁,大笑起来。这样,火就冒了出来,此后人人便都拥有
了火。[9]

在澳大利亚中部莫奇逊山(Murchison Range)一带沃拉姆噶(War-

---

[7] A. L. P. Cameron, "Notes on some Tribes of New South Wales," *Journal of the Anthropological Institute*, xiv. (1885) p. 368.

[8] A. L. P. Cameron, *op. cit.* pp. 368 *sq.*

[9] John Mathew, *Two Representative Tribes of Queensland* (London, 1910), p. 186.

ramunga)部落的地盘上,一条干涸的小溪岸边长着两棵尚好的产胶树。当地人说,就是在这两棵树这儿,两只隼的祖先通过把树枝搓在一起,制造了火。这两个隼祖的名字分别是科拉兰基(Kirkalanji)和沃拉普拉普拉(Warrapulla-pulla)。虽然它们是鸟,但火最早就是由它俩在这块土地上制造出来的。它们成天到晚衔着火把,但是有一天科拉兰基不小心点了一把出乎意料大的火,自己引火烧身,死掉了。由于这个事故,太过于悲伤的沃拉普拉普拉朝着今天属于昆士兰的某个方向飞走了,就再也没有了下落。月亮在此时还是一位生活在地球上的男子,他来到科拉兰基点火的这片地区,遇到了一个袋狸女人,就跟随着她。然后他们就在河边坐下来聊天,却没有注意到背后的大火正蔓延过来,直到已经快要烧到他们时才发现。袋狸女大声尖叫然后昏厥过去,也可能是直接死掉了,然而月亮有着异于常人的不死之躯,他使女人苏醒过来,或恢复了意识,之后他们就一起飞到天上去了。鲍德温·斯宾塞爵士(Sir Baldwin Spencer)在这里评论道:"这一点很有趣,在所有这些部落中,月亮总是被描绘为男性,而太阳则是女性。"[10]

卡奔塔利亚湾(Gulf of Carpentaria)西南岸居住着一支名为马拉(Mara)的部落,他们有一个传说:很久以前天地之间耸立着一棵大松树。每天,很多男人、女人和小孩就沿着树在天地间爬上爬下。有一天当他们在天上时,一只叫做卡汉(Kakan)的老隼学会了钻木取火的方法,但是它在和一只白隼争吵时,不慎把这个地方给点燃了,大松树也毁掉了,这样一来爬上去的人就没法下来,只好永远居住在天上了。这些人的头发、眉宇、膝盖及其他关节上都镶嵌着水晶,到了晚上这些水晶就闪闪发光,我们所说的星光就是这么来的。[11]

---

[10] Sir Baldwin Spencer, *Wanderings in Wild Australia* (London, 1928), ii. 470 sq. Compare (Sir) Baldwin Spencer and F. J. Gillen, *Across Australia* (London, 1912), ii. 410.

[11] Baldwin Spencer and F. J. Gillen, *The Northern Tribes of Central Australia* (London, 1904), pp. 628 sq.

　　在这些澳大利亚传说中,我们很难判断,火的最先引进者是一只小鸟,还是一个以小鸟为名字或在其他方面与鸟有关的人。造成这个困惑的原因是图腾制,就算它没有完全造成,也是助长了"野蛮人"观念中动物和人类的混淆。澳大利亚土著似乎是不能区分他们,而是把人等同于其图腾动物,比方说,假如问他在袋鼠的历险记中,其所指的是袋鼠这种动物,还是以袋鼠为图腾的人,他恐怕就会无言以对,或根本听不懂这个问题。

　　澳大利亚南端曾居住着一个部落,名叫布安迪克(Booandik),在他们传说的故事中,给人们带来火的是一只凤头鹦鹉。这种鸟有一个红色的羽冠,当地人称这种鸟类为玛(mar)。他们说,有一只凤头鹦鹉(Mar)把火藏了起来独自享用,不和自己部落分享,它的自私行为使得它的伙伴们很生气。聪明的凤头鹦鹉们就召集了一次会议,要制定一个计划,以打破玛的秘密。它们决定,先杀掉一只袋鼠,然后邀请玛来一起分享。玛拿到自己那份肉后,就会独自用火烹饪,而其他鸟就可以趁机了解它是怎么制造火的,计划就这么实施了。玛也如期而至,拿走了袋鼠的头、肩和皮,回家准备好肉就要烧烤。其他的鹦鹉们就监视它,看见了它如何把树皮、干草放在地上准备点燃,也看见它用爪子挠头,火就从它的红冠那里冒了出来。这样一来,鹦鹉们就知道火是怎么来的了,但是它们首先要得到火。一只小鹦鹉自愿去玛那里偷火。它小心地从草丛下匍匐过去,直到那梦寐以求的篝火前,然后趁玛不备,把一根黄万年青(grass-tree)*伸到火里,点燃了它,就立刻飞往伙伴那里了。鹦鹉们终于掌握了取火的方法,它们非常高兴,而玛则气急败坏,把草地点燃了,把从舒颜山(Mount Schanck)到桂珍湾(Guichen Bay)的整个地区都烧着了。麝鸭(croom)看到自己的家化为灰烬,愤怒地扇起翅膀,把湖泊和沼泽里的水都卷了

---

　　* 学名为 Xanthorrhoea preissii,是澳大利亚特有的一类植物,兼有草本植物和木本植物的特点,被认为是特殊的"草本乔木"。——译者

过来。[12]

　　在这个故事中,第一个引进火的角色被明确地描绘为一只凤头鹦鹉,一只真正的鹦鹉,这个故事也仅仅是一个解释鹦鹉头顶羽毛颜色的神话。而在该部落故事的另一版本中,造火的主人公则被描述成一个人,这个人后来才变成了鹦鹉。故事说,很久以前,当地黑人没有火煮饭,但是他们知道,在东方很远的地方,有个名叫玛(凤头鹦鹉)的人把火藏在头饰上的一簇羽毛下,不与别人分享。这个人太强大了,公开的武力袭击和掠夺不可能制伏他,于是人们就决定设计巧取。他们宣布要举行一次部落集会或者说是狂欢节,还派信使传达活动的日期。玛真的来了,当人们杀掉一只袋鼠作为大餐,并把最好的部分给他,然而他却不要,说自己更喜欢袋鼠的皮。他带着兽皮回到了自己遥远的营房。其他人对于他如何处理兽皮十分好奇,“因为,”他们说,“如果他不用火烹调的话,那是很难吃的。”一个名叫普莱特(Prite)的年轻人跃跃欲试,决定跟踪并监视他,便偷偷隐藏在草丛里行动。他看见玛先是打了个哈欠,然后把手伸到头发里好像在搔痒,这样就把火从隐蔽的地方掏出来了。发现了秘密之后,普莱特就回去向大家报告。另一个人,名叫塔特堪纳(Tatkanna)自愿去再搞点情报。他试图靠近火源,并感到了它的热量。然后他也回去向人们汇报,并且向人们展示火如何把他的胸膛都烧红了。第三个人戴着一根万年青也跑到火那里。他看见玛正在用火把袋鼠皮上的毛烫掉,就趁他没注意,用万年青伸过去取火。但是,当他把火往回收的时候,不小心把草地都引燃了。大火迅速蔓延,把长长的草丛和灌木都烧着了。玛勃然大怒,抓起个木棍就冲向其他人的营地,因为他正在琢磨,这帮人可能在打着他的火的主意。当他看见塔特堪纳时,就证实了自己的怀疑,因为后者红彤彤的胸膛说明了他不仅与此事有关,甚至就是主谋。玛追着塔特堪纳不放,不一会儿就令他哭了起来,然而,这时夸唐戈(Quartang)站出

---

[12]　Mrs. James Smith, *The Booandik Tribe* (Adelaide, 1880), pp. 21 *sq.*

来要与蛮横的玛较量,说他自己比瘦小的塔特堪纳更为势均力敌。其他的黑人这时也没闲着,大家都跟着动起手来。在混战中,夸唐戈很快被玛那根像鞋拔子一样的棍子狠狠击倒。他从地上一跃而起,跳到树上变成了一只笑翠鸟,在它的翅膀下,至今还留着那一棒猛击留下的痕迹。而小塔特堪纳则变成了一只知更鸟。勇敢的普莱特也变成了只鸟,在南海岸的灌木丛游荡。有个叫寇特彪(Kounterbull)的胖家伙在后脖梁子上被矛深深地刺了一下,剧痛使他跳进了大海,后来人们看见他从脖子的伤口向外喷水,这就是我们所说的鲸鱼。玛并没有受伤,但仍然愤怒、咒骂着,他飞到树上,变成了凤头鹦鹉。在鹦鹉头冠上有块小小的秃皮,这就是原来被他用来藏火的地方。在这件大事件之后,土著人想要用黄万年青搞点火的话,他们就会用两片木条轻易地引燃,首先把一根木条平放在地上,把另一根插进它上面的一个槽里,然后合掌将竖着的这根木条急速旋转,不一会儿就点着了,这说明用黄万年青的木条仍然可以像玛那时一样把灌木丛变成一片火海。[13]

这个故事旨在说明当地人如何学会用黄万年青的木片来取火,但是它也顺便讲述了几种鸟类和鲸鱼某些特点的来历。故事的最初版本似乎还应该涉及更多的鸟兽物种,这是因为詹姆士·史密斯太太(Mrs. James Smith),即告诉我们关于布安迪克人大量信息的女传教士,向我们承认她已经忘记了在那场关于火的大战中的其他人物名字,她在当地民族中生活、工作了长达三十五年之久。她说:"因为他们的名字对于故事的充分理解是很必要的,因此这真是非常遗憾。"[14]不管怎样,既然涉及了很多动物,这个故事至少可以被确定为是动物神话,披露了关于澳大利亚物种大量独有的特征。在故事中扮演鲜明角色的知更鸟显然不是我们英国的知更鸟,因为在澳洲并没有这种鸟。这应该是一些澳大利亚本土的鸟,很

---

〔13〕 Mrs. James Smith, *The Booandik Tribe*, pp. 19—21.

〔14〕 Mrs. James Smith, *The Booandik Tribe*, pp. 20. 她告诉我们,距她最后一次听人讲这个故事已经有十多年了,而那些善于讲这故事的黑人们早就去世了(p. 21)。

有可能是因为其胸部有红色的羽毛,所以早期的定居者就用老家熟悉的、有类似羽毛的鸟类来命名它们。

　　这个由史密斯太太发现的火起源故事仅仅流行于澳大利亚遥远的东南角,也就是甘比尔山(Mount Gambier)和麦克唐纳湾(MacDonnell Bay)之间。对往北一点靠近瑞沃利湾(Rivoli Bay)和桂珍湾那一带的黑人,我们所掌握的信息极少;但再往北到遭遇湾(Encounter Bay)的墨累河河口处,对那里的土著我们则比较熟悉另一个类似的故事。[15] 遭遇湾的这个故事是由另一位考察者记录的。故事是这样的:很久以前,人们的祖先聚集在穆塔巴瑞加(Mootabarringar)这个地方举行一次大型舞会。因为人们那时没有火,所以只能在白天跳舞,晚上就没办法了。那时天气特别热,人们的汗水滴下来汇集成了很多大水池,今天你仍可以看到它们,而由于他们跳舞跺脚,使得地表变得不规整了,形成了今天的小丘和山谷。但是人们知道,在东边住着个叫孔多勒(Kondole)的人,是个大力士,他掌握着火,人们叫两个信使,库拉杰(Kuratje)和堪马瑞(Kanmari),去请他来赴宴。大力士虽然来了,但是把火藏了起来。这令人们非常不满,他们就决定用武力从他那里取得火。开始没有人敢接近他,后来一个叫瑞巴勒(Rilballe)的人鼓起勇气拿着矛向他攻击,准备把火抢来。瑞巴勒把矛投出去,刺中了他的后脖梁,引起了人们的欢呼。这时几乎所有的人都变成了各种各样的动物;而孔多勒他自己则变成了一只鲸鱼,后来他就用脖子上被刺出来的伤口向外喷水,信使库拉杰和堪马瑞变成了小鱼。在变身的时候,堪马瑞穿着尚好的袋鼠皮,而库拉杰则只披着张海草席,这就是为什么名叫堪马瑞的鱼(*Kanmari*)在皮下储有大量的油脂,而名叫库拉杰的鱼(*Kuratje*)则显得干巴巴的。其他人都变成了负鼠,跑到了树上。以一簇簇羽毛装饰自己的年轻人都变成了凤头鹦鹉,那些羽毛装饰变成了头冠。至于瑞巴勒,他把孔多勒的火抢来放进了黄万年青中,一直以来,

---

[15]　Mrs. James Smith, *The Booandik Tribe*, pp. 18 *sq.*

通过摩擦就可以从那里取得火种,而遭遇湾这里的部落就是这样用这种植物来取火的。他们会掰一片花茎放在地上,把平的一面朝上,然后找一块更薄的同种木条,把一端向下顶在平面上,两掌则合拢扶住上端,通过一前一后地搓手使得木条旋转,直到木头着起火来。[16]

　　这个故事讲述了人们在发现火后变成动物的更多细节,至少从这一点它可以作为史密斯太太记录的布安迪克版本故事的补充。但是它与后者也有着很有趣的差别,即令火的原持有者变成了鲸鱼,而不是凤头鹦鹉。

　　另外一些澳洲故事将取火方法的发现和乌鸦联系在一起。在今天墨尔本所在的地方,从菲利普港(Port Phillip)入海的亚拉河(Yarra)河谷一带,以前住在这里的土著人曾说,很久以前有一个叫做卡拉卡鲁克(Karakarook)的女人是唯一一个知道如何取火的人。她把火藏在自己的薯藤棍的一头,像很多澳洲土著女人一样,这个棍子被她用来当做探杆,平时拿来挖些可食的根茎、昆虫和蜥蜴,作为食物喂养她的人民,[17]但是她却不愿意把火分享给别人。然而,有个叫做瓦昂(Waung)的人想出个计谋来从她那里搞到火,这人名字的意思就是"乌鸦"。这个女人特别喜欢吃蚂蚁卵,于是瓦昂就制造了,或者是捉了很多蛇,把它们放在一个蚁丘下面,然后邀请卡拉卡鲁克来挖卵。她还没有挖多少,就看见了蛇,瓦昂让她用薯藤棍杀死它们。她就照着他说的那样戳蛇,这时她藏在棍子里的火就掉了出来。瓦昂立刻带着拾起的火种跑掉了。而至于这个女人呢,她被造人大神旁吉尔(Pund-jel)安置在天上,闪烁着,成了今天我们所谓的昴宿星团或七星。但是,当瓦昂拥有了火之后,人们发现他几乎和那个女人一样自私,不和任何人分享火。于是,造人大神旁吉尔对他产生了不

---

[16]　H. E. A. Meyer, "Manners and Customs of the Aborigines of the Encounter Bay Tribe," in J. D. Woods, *The Native Tribes of South Australia* (Adelaide, 1879), pp 203 *sq.*

[17]　Baldwin Spencer and F. J. Gillen, *Native Tribes of Central Australia* (London, 1899), pp. 26 *sq.*

满,把所有的黑人都召集来了,号召他们严词痛斥瓦昂,后者因此非常害怕。为了烧死其他人同时又能自保,他就把火向众人扔去,然后离开了。这样,每个人都捡到了一点火。彻特彻特(Tchert-tchert)和特拉(Trrar)拿火点燃了瓦昂周围的草丛,把他烧着了。旁吉尔对他说:"你只能化作一只乌鸦逃脱,不可能再做人了。"而彻特彻特和特拉则在大火中消失或烧死了,据说现在丹顿农山(Dandenong)山脚下的两块巨石就是他们。[18]

在墨尔本东南地区居住着一支名叫布奴隆(Bunurong)的部落,他们对火起源的解释有一个相似的故事,但是在这里乌鸦(waung)显然指的是一只真正的鸟,而不是后来变成乌鸦的那个人。这个有些重复的故事是这样讲的:两个女人正在为找蚂蚁卵而砍树,这时突然出现很多蛇,对她们发动袭击。女人们顽强地抵抗,但却不能把蛇杀死。最后,其中一个女人折断她手中的棍子(kan-nan),然后火一下子就从里面冒了出来,乌鸦叼起火飞走了。有两个心肠很好的年轻人,名叫托迪特(Toordt)和特拉,在后面追着乌鸦,把它捉住了。在打斗中,乌鸦把火丢掉了,引起了一场大火。看到这一切,黑人们都吓坏了,而那两个年轻人也不见了。旁吉尔从天上下凡,并对黑人们说:"现在你们有了火,别弄丢了。"他还让托迪特和特拉在人们面前出现了一会儿,然后带着他俩走了,把他们安置在天空中,至今他们作为星星还在那里闪烁。但是,不久后,黑人们还是把火弄丢了。冬天来了,人们没法取暖,也没有办法烹煮,只能吃冰凉的食物,像狗一样茹毛饮血。更多的蛇出现了。最后,曾经用水制造出女人的帕尔杨(Pal-yang)决定从天上派卡拉卡鲁克下来保护女人们。她是前者的妹妹,至今还受到土著女人的尊敬。这好心的卡拉卡鲁克是位心宽体硕的女性,她用一根很长很长的棍子在这片地区杀蛇,多数的蛇都被消灭了,但还有一些没有死。当她用棍子戳蛇时,不小心把它折断了,火就从中冒了出来。那只乌鸦再一次抢到火飞走了,这使得黑人们非常绝望。

---

[18] R. Brough Smyth, *The Aborigines of Victoria*, i. 459.

但是,有一天夜里,托迪特和特拉从天上下凡,和人们融为一体,他们告诉人们,乌鸦把火藏在一座叫做奴尼伍恩(Nun-nerwoon)的山里,然后他俩就飞走了。不久后,特拉平安返回,他把火包裹在一块树皮里带了回来,这是他从树上剥下来的,后来当土著们需要旅行时,他们也这样随身携带火种,保持火在里面闷燃着。而托迪特则回到了他在天上的家里,再也没有来到人们中间。人们说他烧死在一座名叫穆尼欧(Mun-ni o)的山上。本来他是想在那点燃已经获得的那一点火,使其不熄灭,但是有些巫师说他并没有死在那山上,而是言之确凿地说,因其所做的好事使得旁吉尔把他变成了一颗明亮的星星,也就是我们白人所说的火星。现在,好心的卡拉卡鲁克已经告诉女人们要好好研究那根折断的棍子,火和烟就是从那里面冒出来的,而女人们也再没有丢失掉这份珍贵的礼物。但故事还没完,心地善良的特拉又把人们带到了一座山上,这里长有一种特殊的树木,名叫蒂杰伍克(djel-wuk),火棍就是用它们制成的。他还向人们演示怎样制作和使用这种工具,这样人们就可以永远掌握随手取火的本领了。这之后,特拉就飞走了,人们再也没有见过他。[19]

一个名叫乌然哲睿(Wurunjerri)的部落有个类似的火起源故事,这个部落在墨尔本刚建立时居住在其北部和东北部地区,包括亚拉平原以及自该河源头延伸而来的河谷,还有丹顿农山脉的北麓。[20] 显然,和前面两个故事中的卡拉卡鲁克一样,有一群名叫卡拉特果如克(Karat-goruk)的女人,她们用手中的薯藤棍挖蚂蚁卵,而把炭火置于棍子的一端。但是乌鸦用计从她们那里把火偷走了,而后班吉尔(Bunjil)*命令面具乌鸦(bellin-bellin)**把旋风从袋子里放出来,女人们就被卷到天上去了,她们现还在那里,就是我们所谓的昴宿星团,同样,她们也一直把火带在自

---

[19] R. Brough Smyth, *The Aborigines of Victoria*, i. 459 sq.

[20] A. W. Howitt, *The Native Tribes of South-East Australia* (London, 1904), pp. 71 sq.

* 澳大利亚土著神话中的造物主。——译者

** 澳大利亚土著神话中的风神。——译者

己薯藤的顶端上。[21]

　　一位老土著还讲述了一个仅有一点不同的类似故事,这是由墨尔本的罗伯特·汉密尔顿牧师(Rev. Robert Hamilton)记录的。尽管他没有说明,但是我们可以推测,创作这些故事的土著也是住在这座城市附近的。他所报告的这个故事是这样的:"*初获火种*——有一位名叫穆穆迪克(Mûn-mûn-dik)的土著少女不知怎么地成了火的唯一拥有者,她把火藏在自己的薯藤棍里(可以这样来解释这种薯藤棍,它是一根大约有5英尺长的杆子,其中一头被火烧得很硬,可以用它来挖土中的根茎)。这位少女因为有火而使自己的生活变得方便了许多,但是她却不愿意把火和其他人分享,不少人试图胁迫她、欺骗她以获得火,但都没有成功。这时,班吉尔派他的儿子也去碰碰运气。开始时他儿子还想劝说那位少女自愿交出火,可没有用,于是便心生一计。他首先把一条毒蛇藏在了一座蚁丘下,然后让那女孩来挖蚂蚁卵——好做一顿美餐。当然,她挖出来的是蛇。塔然(Tarrang)大喊:'戳它! 戳它!',女孩就用薯藤棍猛击毒蛇,这时棍子里的火就掉出来了。塔然马上把火夺过来,把它分给了其他人。为了防止女孩再独占火,他就把她送到了天上的一个位置,变成了昴宿星团,今天我们还能看见她。"[22]

　　在这个故事中,我们没见到乌鸦,然而我们可以猜想,也许乌鸦就潜藏在狡猾的塔然这个人物中,他是班吉尔的儿子,但是从女人手里骗取火种的方式和乌鸦在前几个故事中的相应表现如出一辙。汉密尔顿先生对薯藤棍的说明也解释了女人们都会把火藏在里面的原因。棍子的一端被火烘烤后会变硬,那么,可以想象在这个工序中木料会吸收一些火,这或者

---

〔21〕　A. W. Howitt, *op. cit.* p. 430. 对于这个故事,他似乎只记录了一个删减版,霍伊特博士参考了他女儿玛丽·E. B. 霍伊特的笔记:Miss Mary E. B. Howitt, *Lengends and Folklore (of some Victorian Tribes)*。这么有价值的作品没有能发表真是遗憾。很多年后,我有幸查阅它,并且从中获得不少案例,但是不幸地是在这些材料中,并没有火起源的故事。

〔22〕　Rev. Robert Hamilton, Melbourne, "Australian traditions," *The Scottish Geographical Magazine*, i. (Edinburgh, 1885) pp. 284 *sq.*

像子弹上膛,或者像海绵浸水,结果任何猛烈的撞击都可能把棍子里的可燃物质给冲出来。在土著人的自然哲学原理看来,这种推理是无懈可击的。

这个故事流行于墨尔本周围的很多部落,因此我们或许可以称它为墨尔本传说,它有趣的地方在于将火的起源和昴宿星团联系起来,这七颗星星应该仍然还在天空中举着同样的火,就像他们在地上拿着薯藤棍时一样。也许是巧合,在和这些澳大利亚南端部落隔岸相望却并不遥远的塔斯马尼亚岛上,当地极其原始的土著类似地将人间之火和天火联系在一起,这些"野蛮人"都认为天光最早就是在这儿把大地点燃的。

维多利亚的西港(Western Port)地区还有着一个类似的传说,这里是墨尔本南边的海港。这个故事是这样的:起初在创造人类的阶段,当他们还处于半成品的时候,只能坐在茫茫的黑暗中。后来一个叫旁伊尔(Pundyil)的老人让他好心的女儿卡拉卡罗克(Karakarok)把他的手举到太阳(gerer)那里,世界马上就被照亮了,大地也温暖了。光充满各处,而旁伊尔看见地上竟盘踞着许多大蟒,就给他女儿卡拉卡罗克一根长杆子,让她用长杆去各地杀蛇。不幸地是,在蛇还没被完全杀光的时候,她的棍子断了,而当它劈成两截时,火就从中冒了出来,这样,坏事就变成了好事。人们都高兴地烹煮食物,这时旺(Wang)扑过来抢到火,抛下可怜的人类飞走了。这是个神秘的生灵,有着乌鸦的外形。但是卡拉卡罗克最终又找回了火,再也没有失去它。至于旁伊尔,或者也叫做班伊尔(Bonjil),据说居住在穆拉布河(Marrabool River)的劳劳(Lallal)瀑布那里,但是现在他到天上去了。我们所说的木星就是他的火,人们也管这颗星叫做旁伊尔。[23]

---

[23]　Rev. William Ridley, "Report on Australian Languages and Traditions," *Journal of the Anthropological Institute*, ii. (1873) p.278; compare *id.*, *Kamililaroi, and other Australian Languages* (Sydney, 1875), p.137. 这个故事显然是瑞德里先生(Mr. Ridley)从《对新南威尔士土著的可能起源及其原始风貌的评论》(*Remarks on the Probable Origin and Antiquity of the Aboriginal Natives of New South Wales*)中引来的,我只知道这本书是由墨尔本的一位殖民地总督写的,但没见过原书。这本书可能由这位官员写于1851年维多利亚与新南威尔士分离之前。

在西港的这个故事中,乌鸦又出现了,但是昴宿星团没有了。然而,毫无疑问它隐含在卡拉卡罗克这个角色中,因为这个土著名字指的就是那个星团。根据前文的记述可以看出,"野蛮人"视木星为昴宿星的父亲。

在远离这些土著的西北维多利亚泰利尔湖(Lake Tyrrell)地区,长满单调的"桉树灌木"(mallee scrub),那里有一支部落,名叫波隆(Boorong),他们也有一个故事讲的是乌鸦最早把火传给了人类,而老人星*就是这只乌鸦。[24]

在一些极个别的例子中,澳大利亚土著还会把人间的火起源和另一个天体联系起来,它是星中之星——太阳。西南维多利亚康达湖(Lake Condah)一带的土著讲,很久以前有个人,他朝天上的乌云投标枪,这根标枪上拴着根绳子。然后这个人就顺着绳子爬上去,把太阳上的火带到了地上。[25] 昆士兰的玛丽伯勒(Maryborough)一带的部落也认为火最早是从太阳那儿来的,但是方式并不相同。最初,当比拉尔(Birral)把黑人置于原始的大地上时,这里还是一片像沙漠一样的地方,人们问他,去哪里才能获得白天的那种温暖和晚上使用的火。他说,如果他们朝着一个方向走,就可以找到太阳,从它身上掰一小片下来,就能得到火。人们就朝那边走了很远,他们发现,太阳会在早上从一个洞里钻出来,到晚上又躲进另一个洞。人们就追着太阳跑,从它圆盘样的身体上掰了一小片下来,这样就有了火。[26]

生活在昆士兰西北部凯卡屯纳(Kulkadone[Kalkadoon])地区的土著人说火起源于其他的地方。他们讲,很久以前一个黑人部落来到这里的

---

　　* 船底座的一颗恒星,是南半球最亮的一颗星,全天第二亮星,仅次于天狼星。——译者

[24]　W. Stanbridge, "Some Particulars of the General Characteristics, Astronomy, and Mythology of the Tribes in the Central Part of Victoria, Southern Australia," *Transactions of the Ethnological Society of London*, New Series, i. (1861) p. 303.

[25]　R. Brough Smyth, *The Aborigines of Victoria*, i. 462.

[26]　A. W. Howitt, *The Natives Tribes of South-East Australia*, p. 432.

丘陵草场,他们在这里的捕猎大获成功,营地里堆满了捕杀的袋鼠尸体。突然,一个响雷劈来,闪电把丘陵上的干草点燃了,大火很猛烈,有些死袋鼠被烤得半熟。当人们来品尝这些半熟的肉时,发现这可比以前他们赖以为生的生肉美味多了。这时火还在草地上燃烧着,人们就叫一个老婆婆追过去取一些火来。过了一会儿,她举着一个火把回来了。这样,她就被部落的老人们指派为火的主要看护人,郑重地要求她千万不可把火弄丢。很多年过去了,老婆婆矢志不渝地坚守着她的责任,但是在一个雨季,部落营地被雨水淹没了,而她又一时疏忽,使得火熄灭了。作为对她玩忽职守的惩罚,人们要她只身一人深入丛林,只有找到了火才能回来。她就这样孤独地在茫茫荒野中走啊走啊,却没有任何收获,直到一天她走进一个浓密的灌木丛,再也忍受不了了,就从树上撅下两根树枝泄愤,把它们狠狠地搓在一起。令她意外地是,木头的摩擦产生了火,带着这宝贵的战果,她凯旋一般地回到部落,人们从此就再也没有失去过火。[27]

澳大利亚中部的阿伦塔人(Arunta)也有关于火起源的传说。他们讲,在被他们称为梦时代(Alcheringa)的远古,在东方的阿伦塔部落或说大红袋鼠图腾团的一个成员出发去追寻一只巨大的红袋鼠,这只袋鼠的身体里携带着火种。这个人还带着两个很大的楚灵加(churinga),这是一种圣棍或圣石,本来他想拿来造火,但是没有成功。他跟着袋鼠往西走,很多次试图杀死它,都失败了。袋鼠总是把营地建在离他不远的地方。一天晚上,男人醒来,看见袋鼠点了一把大火,他马上跑过去取到了一些,把一些随身携带的袋鼠肉烤熟了,这就是他的口粮。大袋鼠跑了,朝着相反的东方奔去。这个男人还是没办法自己造火,他就只好跟着这只动物,又回到了他们开始的地方。最后,男人终于用手里的楚灵加杀死了袋鼠。他仔细地检查袋鼠的身体,看看它到底是怎么弄火的。这只袋鼠有一根长的阴茎,他把它拉出来切开,发现里面正是熊熊烈火,于是他

---

[27] F. C. Urquhart, "Legends of the Australian Aborigines," *Journal of the Anthropological Institute*, xiv. (1885) pp. 87 *sq*.

便把火取出来,用来烤熟了袋鼠肉。这个人在大袋鼠的尸体旁边生活了很久,当从它身体里取出来的火熄灭时,他就再试着取火,每次只要吟唱这些咒语就能成功:

Urpmalara kaiti

Alkna munga

Ilpau wita wita.[28]

澳大利亚中部属于迪尔日人(Dieri)的一些翁肯古鲁(Wonkonguru)部落认为火的发现与皮瑞冈迪湖(Lake Perigundi)东边的一个小土山有关。他们讲,在白人还没到来前的遥远时代,在那些被他们称为穆拉(*mooras*)或者穆拉穆拉(*moora-mooras*)神奇的祖先中,有个人往北旅行,在一座大土山后面选了块宿营地。就在太阳要落山的时候,他遇见了另一位穆拉,名叫帕拉兰纳(Paralana)。他看见这家伙正在吃生的鱼肉,就问他为什么这样。帕拉兰纳说:"就是这样呀,不然你怎么吃?"另一个祖先就回答说:"我会烤鱼,烤出来的更好吃。"然后他就让帕拉兰纳来他营地,准备给他演示怎么做鱼。他在那儿点了一把火,然后把鱼放在炭灰上,好了之后就拿给帕拉兰纳吃,后者边吃边问,这个用来把鱼裹起来的东西是什么。那个人就告诉他,这叫火,还教他怎么取火。当帕拉兰纳掌握这个秘密后,就把他的这位老师杀了,然后把火带到自己的土山上。他在上面扎营安寨,用获得的新武器武装自己,他向其他的人强征贡品,还命令他们把食物和年轻女人送到他这里。不久之后,他得到了两个年轻的妃子,但是这两个女孩根本不想和他住在一起。于是,她俩就等他睡着后,急忙逃脱了,她们还带走了一个火把,并且教会了人们如何让火一直燃烧不灭。[29]

翁肯古鲁部落还有另外一个故事,说是一位女祖先从一个名叫纳多

---

[28]　Baldwin Spencer and F. J. Gillen, *The Native Tribes of Central Australia*, pp. 446 *sq.*

[29]　G. Horne and G. Aiston, *Savage Life in Central Australia* (London, 1924), pp. 139 *sq.*

希尔潘尼(Nardoochilpanie)的老太婆那里偷来了火。她先是杀死这位老人,然后化作一只天鹅,把着火的木棒含在嘴里,飞走了。这就是为什么黑天鹅的喙里有一条红线,这是女祖先带着火棍时,她嘴里的那个地方被火烧到的痕迹。[30] 根据前面的故事,我们可以推测,在这个故事的原始版本中,应该是天鹅最早把火带给了人类,而在这个过程中,她的嘴被火烧到了。

澳大利亚北部的卡卡都人(Kakadu)有个故事,讲的是两个都叫做尼姆比亚麦安诺格(Nimbiamaiianogo)的同父异母兄弟带着他们各自的母亲出去打猎,他俩捕到了很多黑胸距翅麦鸭和野鸭,而两个女人则从水塘里摘到不少百合和种子。这个时候,男人们还没有火,也不知道该怎么弄火,但是女人们已经会了。当男人们去打猎时,这些女人就烹煮食物,独自享受。正当她们饱餐完毕,就瞧见男人们正往回走,已经不远了。这些女人不想让男人知道关于火的事情,于是她们就急忙把还没熄灭的灰烬收集起来,塞进自己的阴道里,这样男人们就看不见了。男人们回来后,就问她们:"火在哪?",女人却回答:"并没有火呀。"于是他们便吵了起来,非常激烈。最后,女人只好给男人们一些她们收集并烤好的百合。等他们吃了这顿又有肉又有百合菜的大餐后,就都美美地睡了很久。后来,等他们醒来,男人们就又出去打猎了,女人们继续烧烤食物。天气很热,那些没有吃完的鸭子肉都变臭了,所以男人们要再去打些新鲜的猎物来。和上次一样,当他们一走远,就看见女人的营地里冒出熊熊火光。一只黑胸巨翅麦鸭从男人们手里逃脱了,这提醒了女人们,男人们已经快到了。女人们就又像上次一样把火和灰烬藏了起来,男人们也一如既往地质问她们火在哪里,但女人们死活不肯承认。男人说:"我亲眼看见了!"女人却回答道:"别开玩笑了,我们没有火。"男人又反唇相讥:"我们看见一个很大的火苗,如果没有火,那你们是怎么烤熟食物的? 难道是太阳烤的

---

[30]　G. Horne and G. Aiston, *Savage Life in Central Australia*, pp. 140—141.

吗？要是太阳能烤熟你的百合，那怎么没有烤熟我们的鸭子，而让它们变质发臭呢？"女人们无言以对，他们就都睡觉去了。等他们睡醒后，男人们就去挖铁木树的根，从那收集了些树脂。后来他们还发现，用两个木棍相互摩擦就可以制造出火。但是，为了惩罚女人们在火这件事上对他们撒的谎，男人们决定变成鳄鱼，以这种形式让女人们为她们的谎言付出代价。于是，男人们就用铁木树的树脂做了一个鳄鱼头的模型，套在自己的头上，然后潜入水塘里，这时女人们正在岸边抓鱼，装成鳄鱼的男人们就把她们拉下水杀死了。等完事之后，男人们把死掉的女人们拖上岸，对她们说："起来！说！你们为什么骗我们，说没有火？"但是这些女人们已经没有任何反应了。后来，尽管男人们的四肢还是人类的，但鳄鱼头却被他们留在了脑袋上。再后来，他们就变成了真正的鳄鱼，在这之前是没有这种动物的，他们是第一代鳄鱼。[31]

[31]　(Sir) Baldwin Spencer, *Native Tribes of the Northern Territory of Australia* (London, 1914), pp. 305—308.

第四章
托雷斯海峡群岛及新几内亚的火起源神话

在澳大利亚与新几内亚之间的托雷斯海峡,以及其东部的一些岛屿上,人们发现这样一个关于火起源的故事:

有个名叫舍卡尔(Serkar)的老太婆住在纳吉尔(Nagir)这个地方,她每只手上都有六根指头。那时候,所有人都是如此,拇指和食指中间还有根指头,所以老太婆也不例外。当她想要点把火的时候,她就从柴火堆那里拿出一根木柴,然后把那第六个指头放在下面,木柴就着了。这时,对岸莫阿(Moa)岛上的所有动物都能看见舍卡尔弄出来的烟,就知道她又点火了。这些动物里有蛇、青蛙和各种蜥蜴,也就是长尾蜥(*zirar*)、小蜥蜴(*monan*)、壁虎(*waipem*),以及两只大蜥蜴,其中一只叫 *si*,另一只叫 *karom*。有一天它们就聚在一起商量,并一致同意,必须游到纳吉尔,把火搞到手。蛇第一个下水尝试,但是海浪太高了,它无功而返。青蛙接着下去,但它也没能战胜汹涌的波涛。然后轮到蜥蜴们,小蜥蜴、长尾蜥、壁虎和一只大蜥蜴(*si*)一个跟着一个跳进海里,但是都像前面的伙伴一样失败了。最后,另一只大蜥蜴(*karom*)想出个办法,因为它有长长的脖子,这可以使得它的头伸到巨浪的上面,这样,它成功地跨过大海,登上了纳吉尔的海滩。一上岸,它就径直找到舍卡尔的住处,而她那时正坐在那里编篮子,看到蜥蜴,很是高兴。她让蜥蜴坐下,然后去菜园里为她的客人准备食物。长脖蜥蜴趁老太婆不在跟前时找遍了整个屋子,但是都没有发现火。它寻思着:"莫阿岛上的那帮笨蛋,这里根本就没有火。"过了一会儿,老太太从花园回来了,她带来许多食物,此外,还有不少木柴。然后,她把一根柴火放在另一根的上面,这时,长脖蜥蜴也凑近来看。蜥蜴看见她用手指点木柴,接着火一下子就着了起来。老太婆就用火烹饪食物,做好之后,她把木柴从火里抽出来,藏到沙子里,这是因为老太太很节俭,她不想浪费柴火。火熄灭了,一个火星都不剩,但是老太的手指里总是有火的。长脖蜥蜴是想要带些火回莫阿岛的,所以等它吃完美餐,就说:"很好吃,但我要走了,还要游很久才能回到莫阿岛呐。"老妇人陪着它走到海滩,送它启程。到了海边,蜥蜴伸出手来要和老太婆握手。她就把自己的左手伸出来和它握,但是被拒绝了。蜥蜴说:"你应该给我那只合适的手。"并且坚持如此,最后,老太婆只好伸出有火的右手。蜥蜴一下子上去咬住那根有火的手指,把它咬下来就向莫阿岛游去了。所有的动物都等在岸边。看到它把火带回来,都高兴极了。它们一起带着火去莫尔(Mer)岛(迈尔群岛[Murray Islands]中的一个)。每个动物都跑到森林里,找到一根自己最喜欢的树枝。有的找的是竹子(*marep*),有的拿的是黄槿(*sem*)树枝,还有的带来樱桃(*sobe*)树枝,五花八门。就是这样,人们从此就从这些树的木材中取火,也就是用这些树木来制作木燧(*goi-goi*)。这种取火的木棍得有两个,一个平放,一个垂直,用垂直的那根在平躺的那根上旋转,直到点着火为止,这个工序被人们叫做"妈生火",因为平放的那根木头名叫"母亲",而竖着的那根叫"孩子"。至于那个老太婆舍卡尔,她失去了第六根手指,而打那时开始,人类就只有五根手指了,他们曾经是有六根的:你现在仍然可以看见拇指和食指之间的虎口,这就是原来长有第六根手指的地方。而另一份报告中写道,长脖蜥蜴并不是把老太太的手指咬下来的,而是用一种河蚌(*cyrena*)的贝壳切断的,这种材料在新几内亚是很常见的。[1]

　　迈尔群岛上的另一位调查者记录了一个稍有不同的版本:

---

[1] *Reports of the Cambridge Anthropological Expedition to Torres Straits*, vi. (Cambridge, 1908) pp. 29 *sq.*

在道岱(Daudai,位于新几内亚大岛)附近的岛屿上,住着一个名叫舍卡尔的女人,她右手的食指和拇指之间能引火。有一天,几个人在钓鱼的时候,看见有烟从舍卡尔居住的那个岛上冒起来,他们就决定去探个究竟,如果可以的话,就解开这神奇力量的秘密。在一番讨论之后,他们认为,想要探知真相,最好的办法就是让大家都乔装成动物。于是,他们就变成了老鼠、小蜥蜴(mona)、蛇、鬣蜥和长脖蜥蜴(karom)等动物。可是,海浪太猛烈,马上就使得老鼠、小蜥蜴、蛇、鬣蜥和其余的动物放弃了,只有长脖蜥蜴坚持住,最终在舍卡尔居住地方的附近登岸了。它以人的外形去见那个女人,见到就问:"你有火吗?"女人说:"没有!"因为她不想让别人知道自己所拥有的神奇力量。她给客人拿来了吃的,男人吃完后,就躺下睡觉了。然而,他仅仅是假睡,睁着一只眼,偷偷看见这女人从手上出火,然后点燃了枯叶和木头。第二天早上,男人准备走了,他对舍卡尔说:"我要走了,咱们握手告别吧!"女人伸出她的左手,但是男人不答应,而是要握她的另一只手。于是她便伸出右手,男人马上抽出把竹子做的小刀,把她的手指砍了下来,带着战利品跳进了大海。回到他的地盘后,他也试着取火,结果真的成功了。一些树见他能造火了,就都跑过来看。它们中间有竹子(marep),奇祖树(kizo)、塞尼树(seni)、泽布树(zeb)和阿格基树(argergi)*,这些树都分得了一点火,从那之后,这几种树就具有产生火的能力了。当地人们就是从这些树上取木材,然后摩擦造火的。[2]

在这个版本中,主人公都是人,他们是为了偷老妇人的火才变成动物的,而在前面那个可能是更原始的版本中,只有纯粹的动物。

---

* 这里是音译,这些土著植物名所对应的物种学名在原文献中似乎也是没有说明的,下文类似处恕不赘言。——译者

[2] Rev. A. E. Hunt, "Ethnographical Notes on the Murrey Islands, Torres Straits," *Journal of the Anthropological Institute*, xxviii. (1899) p.18. 还可见 *Reports of the Cambridge Anthropological Expedition to Torres Straits*, vi. p.30。根据哈登博士(Dr. A. C. Haddon)在上述《报告》中的描述,我也翻译了一些亨特先生(Mr. Hunt)没有译出的土著动植物名称。

人们在英属新几内亚福莱河(Fly River)以南一个叫做莫瓦特(Mowat或 Mawatta)的地方还发现了同一个故事的简化版本。"传说有一只大蝙蝠,名叫埃贡(Eguon),是它把火带给莫瓦特的。这个传说讲到,在双岛(Nagir,靠近纳吉尔)上曾经有一支部落,其成员的左手食指与拇指间都能出火,后来他们之间爆发了内讧,人们全都变成了动物,有鸟、爬虫、鱼类(包括儒艮和海龟)等。埃贡去了莫瓦特,而其他动物则分布到海峡和新几内亚的其他地方。"[3]在这个故事中,大蝙蝠取代了长脖蜥蜴成了火的引进者,但是在其他方面则和前面的故事没有本质的区别,至少,火首先在人类食指和拇指间诞生,以及偷火贼及同伙变成动物这两个方面,都是一样的。

莫瓦特的人们说,火是从托雷斯海峡的玛布雅格岛(Mabuiag)以下面的这种方式传到他们这里的。在那时,新几内亚人和托雷斯海峡的所有土著一样,都不知火为何物。有一天,他们看见一只鳄鱼在用嘴里的火烹饪食物。人们就对它说:"嘿,鳄鱼,给我们些火吧。"鳄鱼拒绝了他们,于是人们就去找他们的酋长,那时他正生病在家里。酋长康复后,就带上一些食物游泳去道安岛(Dauan)。正当他休息时,看见有烟从对岸的新几内亚海滩飘过来。酋长就游了过去,瞧见一个女人正在草堆上生火,便把火从她那里偷来,带回了玛布雅格。火先是从玛布雅格传到图图岛(Tu-tu),图图人又把它传给了莫瓦特人。[4]

在英属新几内亚南岸,福莱河河口处不远的齐瓦岛(Kiwai)上,流行着很多关于火起源的传说。最早报告这些传说的是传教士中的先驱者——詹姆斯·查莫斯牧师(Rev. James Chalmers),他为造福新几内亚的土著奉献了毕生的精力。他所记录的故事是这样的:

---

[3] E. Beardmore, "The Natives of Mowat, Daudai, New Guinea," *Journal of the Anthropological Institute*, xix. (1890) p. 462. 亦可参见 *Reports of the Cambridge Anthropological Expedition to Torres Straits*, v. (Cambridge, 1904) p. 17。

[4] W. N. Beaver, *Unexplored New Guinea* (London, 1920), p. 69.

"火最早是由两个人在靠近迪比瑞岛（Dibiri）的大陆上造出来的,但是这两个人的名字我并不清楚。所有的走兽都想偷得一点火,再游到齐瓦岛去,但是没有一个成功的。然后,所有的鸟也来尝试,同样全军覆没。这时高高飞翔的黑鹦鹉说,它可以办到。它俯冲下去,叼起一根燃烧的木棒飞走了,在飞越河口时,它让木棒落在每一个途径的小岛上,每次扔下去后再叼回来。等它到达埃撒岛（Iasa）时,嘴已经被严重烧伤了,喙的两边都烫出了红点。它把火丢在埃撒,这里的人们悉心看护,从此人们就有火可用了。"[5]这个故事中的鹦鹉毫无疑问应属于新几内亚大黑背鹦鹉这个物种,"它们通体长满黑色的羽毛,但两个脸颊却裸露着,透出醒目的红色"[6]。

一个似乎更晚近的调查者在齐瓦岛上获悉了一个相似的故事。"自然,曾经人们是没有火的,只好吃那些生的食物。然而,听说在迪比瑞岛（巴姆河[Bamu]的出海口处）上有火,知道这事后,动物们决定去偷火。"鳄鱼最先尝试,不过失败了,食火鸡也没成功,甚至狗都无能为力。然后轮到鸟类们去尝试,黑背鹦鹉成功地捡起一些火,用嘴叼着向西飞去了。但是,当它飞到埃撒岛的时候,火烧到了它的嘴,于是,火把就被丢下去了。这样,齐瓦人就有了火,而黑背鹦鹉从此便在嘴边留下了被火烧灼过的亮红色痕迹。在英属新几内亚的其他一些地方,很多关于人类如何得到火的故事都说是狗把火带来的,还有一个故事说火是狗从老鼠那里偷来的。在实际情况中,齐瓦人是这样取火的,用脚固定住一块普通的小木块,再拿一根木条在上面快速地上下抽动。还有一种方法是"犁木取火"[7]。作者所谓的"犁木取火"就是"棍与槽"的取火方法,这需要有一

---

[5] Rev. James Chalmers, "Notes on the Natives of Kiwai Island, Fly River, British New Guinea," *Journal of the Anthropological Institute*, xxxiii. (1903) p. 118. 可以与《剑桥托雷斯海峡人类学考察报告》(*Reports of the Cambridge Anthropological Expedition to Torres Straits*)相比较,第五卷 17 页说黑背鹦鹉"自从这次事件就一直带着留下的痕迹,脸颊上的红色伤痕"。

[6] Alfred Newton and Hans Gadow, *Dictionary of Birds* (London, 1893—1896), p. 93.

[7] W. N. Beaver, *Unexplored New Guinea* (London, 1920), p. 175.

根一端比较钝的木条,在放置在地上的另一块木块上搓动,沿着它自己磨出的沟槽摩擦。[8]

芬兰人类学家冈纳·兰德曼博士(Dr. Gunnar Landtman)最近几年在齐瓦岛收集了不少关于火起源的故事。在这些故事中,有一则说的是黑背鹦鹉如何将火带给齐瓦岛的。故事是这样讲的:

在马纳维特(Manavete,位于新几内亚大岛上)曾经有个小男孩被鳄鱼掳去了,他的父亲德福(Dave)很伤心,就做了一个独木舟出发去找他,哪怕找到他的灵魂也行。划了一阵子,他来到了齐瓦岛上的多罗帕(Doropa),那时这个地方还是片没有树的沙滩。他就在那里过了一夜,第二天继续走,到了这个岛上的一个名叫萨诺巴(Sanoba)的地方。这里住着一个名叫缪瑞(Meuri)的老人。这个老头儿既没有菜园子,也没有火,把时间都花在捕鱼上,然后把它们放在太阳下面晒干。他对德福说自己没有火,德福就向他承诺,会给他带一些来。德福手里有一只神鸟,这只鸟通晓很多事,还会像人一样讲话。这只神鸟是一只黑背鹦鹉(kapia)。德福就叫这只鸟去马纳维特把火取来。鹦鹉飞走了,过了不久就叼回来一根燃烧着的火把。这就是以前黑背鹦鹉运火的方式,也说明了为什么它的嘴角边有红色的痕迹,这是火造成的。缪瑞从此就一直把鹦鹉带给他的火把保留了下来。[9]

兰德曼博士在齐瓦岛收集的另一个故事讲的是托雷斯海峡的岛民们最早是如何得到火的。它显然是这些岛民自己所讲述的故事的衍生版本。[10] 故事这样说:

在托雷斯海峡上的巴度岛(Badu)一端,有个叫哈维(Hawia)的人和

---

[8] (Sir) E. B. Tylor. *Researches into the Early History of Mankind*[3] (London, 1878), pp. 237 *sq.*

[9] Gunnar Landtman, *The Folk-tales of the Kiwai Papuans* (Helsingfors, 1917), pp. 331 *sq.* (*Acta Societatis Scientiarum Fennicae*, vol. xlvii.); *id.*, *The Kiwai Papuans of British New Guinea* (London, 1927), p. 36. 兰德曼博士记录了很多稍有改动的版本(*The Folk-tales of the Kiwai Papuans*, pp. 64, 68 *sq.*, 332)。

[10] See above, pp. 25 *sqq.*

他的母亲生活在一起,他们过着没有火的生活。而在岛的另一端,生活着一只鳄鱼,它有火。有一天,哈维和鳄鱼同时到水里叉鱼,回到家后,鳄鱼就点了把火来烹饪他捕获的食物。哈维跑来,想向它借点火,这样他自己也可以烤鱼吃了,但是,却遭到鳄鱼生硬的拒绝。于是哈维就只好回家,和他妈妈把鱼切好,放在太阳下晒干,然后无奈地吃这些生肉。后来,哈维又去向鳄鱼借了许多次火,但是都遭到了拒绝。

有一天,哈维准备去其他地方看看有没有火。他戴上一顶满是白色羽毛的头饰,把自己的脸抹成黑色,还配上了许多首饰。就这样,他跳进水里,向布吉岛(Budji)游去,还边游边唱:"烟从那边来,灌木被他们点着,我在水中游,要去把那火取来。"最后他终于到了布吉岛,看见有个女人住在那里,正在烧灌木丛,想要弄出一片菜园。而她右手拇指和食指间的地方则一直燃烧着。看见哈维,她就把火都藏到灌木丛里,以防被这个陌生人知道她有火。她问他从哪来,又有何贵干,哈维就对这女人说了,后者回答说:"好吧,先去睡觉吧,明天早上我就给你些火。"转天醒来,女人又开始烧灌木丛了。哈维对她说:"过来咱们握个手吧,我就要走了。"女人伸出左手,但是哈维要握她的右手,这时他突然抢过女人手里的火,然后就跳进海里,向波伊古(Boigu)游去,还哼着一样的歌。等他到了那里,就点了一把火,烟雾直冲天空,他在巴度岛那头的母亲看见了,就说:"噢!那边有烟!我儿子回来啦,他拿到火啦!"回到巴度岛后,哈维就跟他妈妈说:"我有火了,咱们可以杀鱼后用火烤着吃了。"那只鳄鱼看见哈维和他妈妈现在也有了火,就不安好心地跑来,假装慷慨,说要给他们一点自己的火。但是哈维却说:"不必了,我不要你的火,我从别的地方找到了。"他还说:"不要待在岸上。你是一只鳄鱼,应该待在水里。你不像我,我是人才可以待在岸上。"失望的鳄鱼就到水里去了,它说:"我的名字叫短吻鳄,我要去所有的地方,捕食人类。"[11]

在这个故事中,男人跨海取火的时候把自己的脸抹成黑色,还戴上白色羽毛的头饰,这个安排估计应是一种原始逻辑的产物,让一个乔装成黑背鹦鹉的人代替了齐瓦岛故事中引进火的那个角色。[12]

而另外一个有趣的抢火模式,即从有火人的拇指和食指间撅下来这个套路,则在兰德曼博士报告的另一个案例中又出现了:

在托雷斯海峡间的穆立岛(Muri)上,住着一个叫伊库(Iku)的人,他右手拇指和食指间燃烧着火,这是这些群岛上唯一的火源。现在所有岛屿上的火,最初都是源自伊库拇指和食指间的火。今天我们在这两个手指之间有一个很大的空隙,这正是因为伊库曾经把火把握在那里。

这时在托雷斯海峡的另一个岛屿纳吉尔岛上,居住着一个叫纳嘎(Naga)的人,每天以鱼为生,用矛叉鱼,然后在太阳下面晒干。而在玛布雅格(Mabuiag),托雷斯海峡的另一个岛上,住着一个名叫瓦阿提(Waiati)的人,和他的妻子和女儿生活在一起。这些人都没有火,只能吃生冷的食物。有一天,纳嘎就去找瓦阿提,对他说:"咱们去找火吧,听说穆立岛上有个叫伊库的人,他手里有火,而我们却得在太阳底下晒食物。"于是,一只隼带着他们飞跃大海,来到了穆立岛,落在一棵大树上。两个人爬下来,让隼在树上等着他们。而这时候,伊库正忙着用一根树干做独木舟。那两个人从灌木丛那就盯上了伊库,看见了他手里的火。伊库把石斧放下,在一堆木头上生了一把火。看到这,那两个人就说:"他把木头点着了,就是用他的手点的火,没错,没错。"然后就从灌木丛中走了出来,伊库也回过头来。"你们俩是打哪儿来的?"他问道:"这里没有别人,你们干吗来的?"那两个人就说:"我们是来找火的,没有火,我们只能把鱼

---

〔11〕　G. Landtman, *The Folk-tales of the Kiwai Papuans*, pp. 333 *sq*. 这个故事是兰德曼博士从一个莫瓦特人那里听来的,另一个莫瓦特人又对他讲了同一个故事的较短版本,仅是略有改动(334 页)。

〔12〕　See above, pp. 29—31.

放在太阳底下晒干。"这时,伊库马上把火藏到了手里,以防他们看见。他说:"我没有火。谁说我有火的?"但是他们坚持说已经看见他拿着火了。那个纳嘎以前曾经乘着那只大鸟来过穆立岛,那时他就看见过火,于是便对伊库说:"在我告诉我的朋友之前,我就已经看见过你了。"伊库鄙夷地喊道:"你们不是人。我觉得你们是恶魔。你们没有火,吃你们的生肉去吧。我是人,我有火,给你们看。"就在他张开手并说"看,火在这里"时,纳嘎一下子扑上来,从他手里把火夺走了。伊库没有抢得过他,就说:"别拿走火,那是我的!"追在纳嘎身后喊道:"嘿! 把火还我!"但是纳嘎和瓦阿提迅速地骑上那只隼,这只大鸟就带着他们飞走了。伊库只好放弃了,他回到住处,痛苦地为他的损失哀嚎,为了能保住他刚才点的那一把火,他只好捡来许多柴火,而再点火已经是不可能了,火源没了。他手上那个能出火的地方现在已经合拢了。

纳嘎和瓦阿提回到前者所住的纳吉尔岛,在那里点了一把大火。然后,瓦阿提带着伊库的火种回到了他所居住的玛布雅格岛。岛上他的家人正在太阳底下晒鱼呢。瓦阿提就点了一把大火,他的妻子尖叫起来:"这是什么呀?"他回答说:"这是用来做饭的火,快过来做饭。"火光冲天,家人们都很害怕,纷纷说道:"天呐,这是什么呀?"瓦阿提安抚住他们,说:"等我把鱼做好。"等他把鱼烤好后,就给孩子们吃,尝了之后,他们惊叹:"噢,爸爸,真不错呀! 我们不用再把鱼晒干吃啦,那真是费时又费力。"

后来纳嘎与瓦阿提又乘着隼飞到雅姆岛(Yam Island)。瓦阿提不久之后又回到了玛布雅格,而纳嘎则在那里定居下来,并且把家眷也接来了。他是在这个岛上生活的第一人。伊库后来去了达维尼(Davane),把火给了寇基(Kogea),还去了塞拜(Saibai),把火给了那里的莫瑞瓦(Mereva)——新几内亚道岱海岸附近的一个岛。就是从塞拜这里,关于火的知识又传到了新几内亚,但伊库却回到了他自己的穆立岛。[13]

另外一个故事说,最早的造火者是一个叫做奎阿莫(Kuiamo)的小男孩,他右手食指的指尖上有永不熄灭的火。他本是托雷斯海峡玛布雅格岛的居民,但有一天却跑到巴度岛找其他一些人,这些人并不知道怎么用火,只能在太阳底下烤食物。当他们用生的食品招待奎阿莫时,这个小男孩就教给他们如何用火做吃的。他把手指放在一根木头上,火就着了起来。一开始人们被眼前的东西吓坏了,因为不习惯烤过的食物,第一口尝过之后,人们纷纷昏过去了,但很快,他们就喜欢上这种味道。这样的事情后来又不断在莫阿岛和其他地方上演,奎阿莫来到这些地方,教会人们使用火。[14]

英属新几内亚福莱河以南的马辛格拉(Masingara)人有一个和托雷斯海峡岛民非常相近的关于火起源的故事。[15] 他们讲,很久以前是没有火的,人们的食物只有晒干的黄香蕉和鱼。逐渐地,人们吃腻了这些食物,就派一些动物去取火。他们为这任务所选的第一种动物是老鼠。人们先让老鼠喝了点卡瓦酒(gamoda),就告诉它去把火找来。老鼠喝了酒,就跑进灌木丛里去了,但是它一到那里就"乐不思火"了。后来派去的鬣蜥和蛇也都是如此。一旦它们喝了卡瓦酒,跑进灌木丛后就不愿出来了。最后人们只好找到"因古阿"(ingua),这是另外一种鬣蜥,其在莫瓦特的名字就是"伊库"(iku),因古阿喝完卡瓦酒,直接跳进大海里,朝着图度岛(Tudo)游去了。在那里,它找到了火,把它咬在嘴里,一路游回来,并把头一直伸在浪头上面,使得火不至于熄灭。从那之后,生活在灌木丛中的这些人就有了火。他们是这样取火的,找块瓦拉卡拉树(warakara)的木条,在上面抹一点蜂蜡,然后在另一块同样的木片或竹片上摩

[13] G. Landtman, *Folk-tales of the Kiwai Papuans*, pp. 134 *sq.*

[14] G. Landtman, *Folk-tales of the Kiwai Papuans*, pp. 157.

[15] See above, pp 25 *sqq.*

擦取火,也可以钻木取火。[16]

　　另一个故事讲的是一个生活在齐瓦岛基布地区(Gibu)的叫图茹玛(Turuma)的人,他因为没有火,只能捕鱼后靠太阳晒干。而一个名叫吉布诺吉瑞(Gibunogere)的神灵生活在地下,看见图茹玛因为没有火而只能晒鱼吃,觉得他很可怜。有一天,趁图茹玛去捕鱼时,吉布诺吉瑞就在地上挖了一个洞,然后躺在里面,还用土盖上,把自己藏了起来。等图茹玛回来后,看见了吉布诺吉瑞的脚印,感到不可思议。"这是谁呢?"他自言自语,"这个地方只有我一个人啊。"突然间,吉布诺吉瑞起身对他说:"你是谁? 你说什么?"被吓了一跳的图茹玛大声疾呼:"啊,父亲,你是从哪里冒出来的?"听到他叫自己为父亲,吉布诺吉瑞很高兴,就回答说:"我住在地底下。那是我的地盘,也是个很不错的地方。那里有火,你没有火,所以最好来我这里。"图茹玛还是不放心,但是吉布诺吉瑞向他许诺,会给他火,就催促他马上来。于是,他们就来到吉布诺吉瑞在地下的住处,但是当图茹玛靠近火一坐下,他就晕过去了。吉布诺吉瑞把他扶起来,让他喝了点水,还帮他擦了身子。等图茹玛醒了过来,就和吉布诺吉瑞的女儿结婚了,他给了这位岳父许多石斧和狗牙项链作为彩礼。但不幸的是,新娘在新婚的夜晚就死了,没能活到第二天早上。图茹玛成了一个鳏夫。[17]

　　另外一个故事比较平淡,没有这样悲剧的结尾。说是在很久以前,齐瓦岛上还是一片荒芜的沙洲,只有一些小红树林,这还是埃撒岛上的两个人栽种的,这两人的住处离得不远,其中一个人的名字是纳比木若(Nabeamuro),另一个人叫做齐布若(Keaburo)。当时齐布若并没有火,只能吃太阳晒干的生鱼肉。但是纳比木若知道怎么钻木取火,却不愿意把这个技术传授给齐布若。有一天,齐布若看见他正在取火,就从他那里把

---

〔16〕 G. Landtman, *Folk-tales of the Kiwai Papuans*, pp.335.

〔17〕 G. Landtman, *Folk-tales of the Kiwai Papuans*, pp.333.

火偷走,逃跑了,纳比木若是个老头子,他根本就追不上这个贼。[18]

兰德曼博士在齐瓦岛还记载了一个更有启发性的故事,讲的是关于第一次发现取火术的故事:

很久以前,人们每天靠吃生肉过日子。但是有一天,一个古如如(Gururu)或者是格鲁鲁(Glulu)部落的人梦到一个神灵来对他说:"你的弓里面有火。"这个男人醒来后,就跟自己纳闷儿:"火,这是什么东西?"等他再次睡着后,这个神灵就又来对他说:"明天试试你的弓,用它拉木头,就像锯子一样。"早上起来,这个男人就找来一块木头,然后就拿他的弓来锯,把弓弦当做锋刃。他发现摩擦生热,继续用力,就冒出了烟,然后着起了火。他拿来一些干椰子壳助燃,马上就着起熊熊大火。这个发现使他欢呼雀跃,立即用火来取暖,还烧煮了食物。开始,他先是烤了一块芋头,再掰开仔细地闻着。他犹豫不决,"如果……"他琢磨着:"我吃了它,会不会死呢?"但是等他尝过之后,就大呼起来:"真甜呀!"他马上跑到屋里,把火给里面的人。大家都给吓坏了,想要逃跑,不过,他向人们解释了火的用法,还教他们怎么用火做饭。起初,那些人都不敢吃烤过的食物,但是过了一段时间,他们就都用这种方法来烹煮食物了。[19]

另一个类似意味的故事也是兰德曼博士记录的:是说有个叫做加瓦基(Javagi)的小男孩,由一只雄袋鼠所生,这孩子在有一次想用自己的竹绳把一块木头锯断时,突然着起火来。男孩起初为此而很害怕,但是那天晚上,他的母亲,更确切地说是养母,对他说:"你的那个火是个好东西,不要怕,用它来做饭。"这个故事还说,现在还有一些丛林居民,仍然用这种方法取火,即拿竹绳锯木头。[20]

---

[18]　G. Landtman, *Folk-tales of the Kiwai Papuans* , pp. 147.

[19]　G. Landtman, *Folk-tales of the Kiwai Papuans* , pp. 334 *sq.* Compare *id.* , *The Kiwai Papuans of British New Guinea* , pp. 37.

[20]　G. Landtman, *Folk-tales of the Kiwai Papuans* , pp. 82 *sq.* ; *id.* , *The Kiwai Papuans of British New Guinea* , pp. 37, 109. 这个小男孩和埃里克特翁尼亚斯(Erichthonius, 古希腊神话人物——译者)一样,是从地里生出来的。他有个袋鼠爸爸,但是没有妈妈。而教给他关于火的真正用处的雌袋鼠并不是他的生母,而是养母。

詹姆斯·查莫斯先生从巴布亚海英属新几内亚附近——显然是珀澳（Perau）——的土著那里获悉了一个说法，认为火最初是来自地球的内脏的，但是过了几代之后就灭绝了。火在地表熄灭之后，碰巧一个女人刚刚生下孩子，她感觉很冷，很想取暖。幸运的是，一个小火苗从天上落了下来，女人的父亲就用干树叶助燃。不一会儿，大火就烧了起来，女人坐起来，不再感到寒冷了。人们都带着礼物来看这个婴儿，又纷纷拿着一个燃烧着的火把回去。从那以后，火就一直没有消失过。[21]

在英属新几内亚的摩图摩图（Motumotu），那里的人说火是从山上来的。在那之前，根本没有熟食可吃，直到有一天，一个叫做伊瑞拉（Iriara）的山里人正和他的妻子坐着，随便用一根木条和另一根摩擦，火就突然冒了出来。[22]

英属新几内亚摩图（Motu）部落的人有这样一个关于火起源的故事。他们说，自己的祖先在开始时只能用太阳烤食物，然后生着吃。有一天，他们看见有烟从陶鲁（Taulu）那边冒起来，这个地名的意思其实就是"大洋"。狗、蛇、袋狸，还有一只鸟和一只袋鼠都看见了，他们惊呼："陶鲁有烟！陶鲁有烟！陶鲁人有火，谁去给我们带点来？"蛇去了，但是海浪太猛，它马上就退回来了。袋狸试了一次，也不行。小鸟想飞过去，但是风又太强。接着是袋鼠，也失败了。最后狗说："我会把火取来的！"它游到一个小岛上，在那登陆，就看见有几个女人在一堆火旁做饭。这帮女人说："瞧这儿有一只奇怪的狗，杀死它。"但是狗抢到了一根火棒，带着它就跳进了大海。他向回游，岸上的人们看见他靠岸了，还带着一根冒烟的火棒。等它上岸后，女人们因为有了火都兴高采烈，其他村子的女人们也都来他们这里买火。但是，其余的动物都对狗产生了妒意，开始诋毁它。它追着蛇，蛇钻进地下的洞里，袋狸也是如此。而袋鼠呢，则跑到了山里，

[21]　Rev. James Chalmers, *Pioneering in New Guinea* (London, 1887), pp. 76 *sq.*

[22]　Rev. James Chalmers, *op. cit.* pp. 174 *sq.*

从此之后,狗和其他动物就成了仇敌。[23]

詹姆斯·查莫斯所记录的摩图故事稍有不同。在他的版本里,早先无功而返的动物是丛林沙袋鼠、蛇、鬣蜥、雉鸡、鹌鹑和野猪,和前面的故事一样,最后尝试并成功的是狗。[24]

在巴布亚(Papua,地处英属新几内亚)东北的曼比尔河(River Mambare)附近,有一个名叫欧若凯瓦(Orokaiva)的部落,也认为是狗这种动物把火带给了他们的祖先。他们讲,那时有些人住在岸边的一个村里。他们生活在寒冷中,受够了又生又硬的食物。他们看见河对岸的那边有烟冒起来,他们就很奇怪那是什么东西,也很想弄到那种能够冒烟的东西。突然,他们的一条狗说:"我能帮你们把它带来。"于是,这只狗就游过河,来到那个冒烟的村子,毫无悬念,它在那儿找到一根火把,就把它叼在嘴里,往回游去。然而,尽管它是一只体型强壮的狗,却仍不能保持火把不被浪头淹没。最终,水把火熄灭了,它就只能带着那根已经没有火的木棒回来。在它之后,其他的狗也陆续去取火,但都无一成功。最后,一只脏兮兮的小野狗开口说话了。它身上长满疥疮,背上的毛都快掉光了。它说:"我会带来火的。"所有的人看着它都哈哈大笑。但是这只小狗真的去了,游到对岸,找到一根燃烧的火把,却没有像其他狗那样把它叼在嘴里,而是系在了自己的尾巴上,就这样回到了人们中间。而当它游泳的时候,一边摇尾巴,火星就一边从火把上落下来,像一簇簇闪亮的椰树叶,女人们晚上去礁石上打渔时,带的就是这种树叶。人们远远地看见有光朝他们这边来了,火星微弱地闪烁着,岸上的人们高兴得跳起舞来,他们拍着自己的胸膛,大声叫道:"把它带来!孩子!"就这样,小狗把火带到了岸边。

但是,在小狗还没有把火给人们的时候,先是把它放在地上了。这

[23]　Rev. W. G. Lawes, "Ethnological Notes on the Motu, Koitapu and Koiari Tribes of New Guinea," *Journal of the Anthropological Institute*, viii. (1879) p.369.

[24]　Rev. James Chalmers, *Pioneering in New Guinea*, pp.174 *sq.*

时,有一只袋狸想要把火偷走,拖进自己的窝里。然而,这只小狗可比袋狸聪明多了。它又悄悄地把火偷了回来,拿给了自己的"衣食父母",也就是照料它的男人和女人。他们很高兴,把火和所有的人分享。人们说,直到今天,火仍旧是属于狗的,这就是为什么狗特别喜欢躺在火边,哪怕是火已经灭了,也愿意躺在炭灰上面,以至于当你赶它走时,它会大声咆哮,或者呜呜低鸣。[25]

不仅仅是欧若凯瓦人,巴布亚的其他民族也说最早是狗把火带给他们的。在巴尼阿拉(Baniara)附近的木卡瓦(Mukawa),有个故事就是讲,是狗直接游到古迪纳夫岛(Goodenough Island),把火从那里带回来了。这个距离是很遥远的,大约有 20 英里,它很聪明,没有打算游着回来,以免自己被淹死;于是,就独自划着一只独木舟跨越大海,把火稳妥地带了回来。然后它靠岸登陆,爬上木卡瓦附近的一座小山,在那里把草丛点燃了,当然也许是它手里的火把上落下的火星把草引燃了。不管怎样,附近所有村子的人都看见了烟,就跑来取得了火。直到今天,当地人还管这座小山叫"狗山",因为那是狗登陆的地方。现在,白人在那座山上建了一座灯塔,用来为黑夜里路过的船只指方向,于是,每天晚上山上都是火光闪闪的。但是,无论白人怎么说,黑人们都坚持认为,是狗最先把火放在那里的。[26]

记录下这两个关于狗的故事的作者还进一步写道:"巴布亚的人们在很久以前是没有火的。他们那时候在严寒中瑟瑟发抖,喝着西南风,吃又生又硬的甜薯和芋头。但是现在有火了。每个村子到了晚上都升起熊熊大火,女人们用锅、竹子和地上的热石头来做饭。那么,他们是从哪里得到火的呢? 又是谁给他们的呢? 有些人说,火是从天上来的;也有些人

---

[25] "The Fire and the Dog," *The Papuan Villager*, vol. i. No. 1 (Port Moresby, 15th February 1929), p. 2.

[26] "The Fire and the Dog," *The Papuan Villager*, vol. i. No. 1, p. 2. 这个木卡瓦故事的原文是汤姆林森先生(Mr. Tomlinson)记录的,他是一位传教士。

说,是一个老太婆把火藏在自己的莱米草里(*rami*);还有人说,是一只凤头鹦鹉用它的喙叼来的;另外的一些人说,曾有一只小蜥蜴把火藏在自己的腋下。"[27]

　　巴布亚的普拉瑞三角洲(Purari Delta,属于英属新几内亚)的土著们有这样一个关于火起源的故事。他们说,火的创造者是来自西方的奥阿马库(Aua Maku)。有人认为他是从很远的地方来的,也有人坚称他是派河(Pie River)那一带的人,生在卡玛瑞(Kaimari)附近,这是他第一次把火赐予人类的地方。这种说法还讲到,他早先是住在派河的水里面的。但是他的妈妈琪(Kea)害怕鳄鱼会抓到他,就让他去到旱地上,这样他就来到了岸上。先是进行了很多次探险,然后他就和兄弟拜埃(Biai)住到天上去了。现在来讲讲他是怎么跑到天上去的。他们找来一根很高的唉树(*ane*),把它立在村里,像一个大柱子一样。然后他们收拾行李,还带上一些建材,就顺着树干爬到天上去了,用随身带来的建材在那里造了一座小屋。从那之后,所有的卡玛瑞人都居住在地上,奥阿马库和拜埃住在天上,他们要求地上的人们永远不要忘记他们的名字。但是,那时的人们还没有火,人们能想到的唯一烹饪方法,就是把食物在太阳下面放一会儿,很久以来就这么生吃活吞。

　　后来奥阿马库有了一个女儿,名叫卡乌(Kauu),与他一同生活在天上。但很不幸的是,这个女孩恐怕难免要孤老一生,因为在天上她找不到一个人可以成婚。有一天,她渴望地向下望去,正好看见一个名叫麦库(Maiku)的英俊青年和同伴们安静地坐在男子宿舍的前面,沐浴着阳光,便立即决定要和这个人结婚。于是,她就化成一阵响雷来到地上,告诉他想要当他的妻子。后来呢,长话短说,他们就成婚了,父亲奥阿马库来到地上参加婚礼,收取女儿出嫁所得来的彩礼,又回到了自己在天上的家。

　　第二天,新婚的妻子就和其他女人们乘着独木舟出海捕鱼、抓螃蟹,

---

[27] "The Fire and the Dog," *The Papuan Villager*, vol. i. No. 1, p. 2.

然后满载而归,但是她却对自己的丈夫说:"可是我们需要火,上哪能弄到火来炖螃蟹呢?"然而,丈夫告诉她,村里人根本不知火为何物,她只能把螃蟹在烈日下面晒一会儿,然后一起吃。于是,她就把螃蟹放在太阳底下,可是等到大家准备吃的时候,她发现自己根本无法忍受螃蟹的样子,刚吃下第一口,就呕吐出来了。事情就是这样,既感到恶心,又缺少食物,卡乌就病了,别人去河里打渔的时候,她只能躺在家里,被太阳烘烤着,发着烧,泛着恶心。

这时,她的父亲奥阿马库正好从天上往下望,看见他的女儿正躺在房屋前的平台上。于是,他就下来看望女儿,知道了她生病的原因是因为宁可饿着也不愿吃生食,便许诺会带火给她。故事在继续:然后他就从天上带来一片闷燃着的木头,这块木头取材于一种叫做纳佩阿(*napera*)的树,卡乌就用这块木头点了一把火。等人们打渔归来,他们看见有烟冒起来,这对他们而言既奇怪又陌生,都怕得不敢靠近。直到卡乌招呼他们,人们才鼓起勇气,走上前来观察火,每个人都拿到了一根火把。卡乌还教给他们如何点火做饭,从此,人们就不用再吃生的螃蟹了。

但是也有人说,奥阿马库是用另一种方法把火降下人间的,他点燃了一颗名叫卡拉(*Kara*)的树,卡乌看见燃烧的树冒出的烟,就赶紧跑过去,拿到了一根着火的树枝。不管怎样,普拉瑞人正是从卡乌及其父亲奥阿马库那里才学会关于火的知识的。这一点没有疑问,人们也都一致相信,最初知晓火的地点是卡玛瑞。[28]

在普拉瑞三角洲,这里的人们在需要火的时候,是用棍槽法取火的。使用的是一种叫做纳佩阿的木头。取火者需要(用膝盖或者脚)固定住长木条的一端,还需要一位助手扶住另一边。先用小刀或者贝壳在木头上刻出来一个槽,然后取火者就拿着一根同样木材的尖头木棍,在槽里面前后摩擦。他用两手紧紧握住这根棍子,拇指指向自己的身体,深深地向

---

[28] F. E. Williams, *The Natives of the Purari Delta* (Port Moresby, 1924), pp. 255—259. (*Territory of Papua. Anthropology, Report* No. 5.)

下用力,很快,就冒出了烟,他摩擦得越来越快,最后终于停下来,用尖头深压木槽,靠着那些木屑,火光就燃烧起来了。如果手边有木炭的话,还可以把它碾碎撒在上面。

"这种取火的方法人尽皆知。女人是干不了这活儿的,因为它太费力了。就算对男人来说,这显然也是份苦差,因为给我们做出演示的人也很少能达到预期的效果。实际上,在需要的时候,火都是从邻居家借来的;独木舟里常储存着一点闷燃的木棒,在夜晚举行灌木丛里的聚会时,也要点起一堆慢烧的大火。以前,人们在乘独木舟时会带着一根闷燃的纳佩阿木头,还要小心地远离潮湿。现在这样的做法已经很少见了。"[29]

正像我们所预料的那样,我们发现,在神话中出现过的那种木头,在现实生活中,或者在过去的生活中,也真的被用来点火。

在英属新几内亚东南端的米尔恩湾(Milne Bay),有个叫哇嘎哇嘎(Wagawaga)的地方。那里的人说,很久以前在人们还没有火的时候,米尔恩湾的麦维拉(Maivara)住着一个老太婆,孩子们和年轻人都叫她勾嘎(Goga)。那时候,人们会把甜薯和芋头切成片,在太阳底下晒干。这时,这位老太婆也用这种方法给那里的十个年轻人准备食物,而当他们出去捕猎野猪的时候,她却用火给自己做吃的。她从自己的身体里拿出来火,但是在男孩们回来之前,又把灰烬都收拾干净,这样他们就不知道她是怎么给自己烤甜薯和芋头的。

有一天,一块熟芋头不慎混入到男孩的食物里,当他们吃晚餐时,最小的孩子发现了这块熟芋头,尝了一尝,发现非常好吃。他把它递给同伴们尝,所有人都觉得很美味,却又一头雾水,不像他们的芋头那样又干又硬,这个口感很软,怎么回事呢?于是,当第二天其余人都去打猎时,那个最小的孩子就留下来,躲在屋里。他看见那个老太婆把他和同伴们的食物放在太阳下晒干,但是又从自己双腿间抽出火来,给她自己烤熟了食

---

[29] F. E. Williams, *op. cit.* pp. 25 *sq*. "勾嘎"是这里的人们用来指称长辈中的男人或女人的一般用语,这个被指称的人不属于讲话者的氏族,也不属于其父亲的氏族。

物。那天晚上,男孩儿们打猎回来,在他们吃晚餐的时候,那个最小的孩子把这件事告诉了他们。他们知道了火是一种这么有用的东西,就决定从老太婆那里偷一些来。

早上,他们磨快各自的斧子,砍倒了一棵像房子一样粗的大树,然后挨个试着跳过去,却只有那个最小的孩子成功了,于是人们就选他去从老太婆那里偷火。第二天清晨,所有人像往常那样出去到丛林打猎,但是在他们走了不一会儿,就全部返回来了,其中的九个年轻人都躲起来,那个小孩子则静悄悄地溜进老太婆的屋子,当她准备烤芋头的时候,小男孩就溜到她身后,偷了一根火把。他一路狂奔,到了被砍倒的大树那里,一跃而过,而那个老太婆却不能跟着他跳过去。可是,在他跳过去的时候,火烧到了他的手,被他丢到了地上。草丛着起火来,然后,一棵露兜树(imo)也燃烧了起来。

这时,这棵树的树洞里住着一只名叫戈如别(Garubuiye)的蛇,它的尾巴也着火了,看起来像一支火炬。老太婆唤来了一场雷雨,火就被熄灭了,可是这只蛇躲在露兜树的洞里,它尾巴上的火还燃烧着。

雨停之后,男孩们出来找火,可是全都熄灭了,最后他们朝露兜树的洞里看,逮住了那只蛇,把它的尾巴切下来,这上面还燃着火。他们用蛇尾点燃了一根树枝,又用一堆木头生了一把大火,周围各村的人们都跑来了,纷纷把火带回家,每个村的人们都用不同的木材来当火把,这些被他们用来做火把的树就成为了他们的图腾。而那只名叫戈如别的蛇呢,则成了哇嘎哇嘎的戈如博伊(Garuboi)氏族的图腾。[30]

新几内亚东侧的当特卡斯特尔群岛(D'Entrecasteaux Group)中有一个名叫度布(Dobu)的岛,上面的居民有一个类似的关于火起源的传说。他们说,自己的祖先早先打猎野猪,然后生吃。有一天,当所有的人都出去打猎时,一个老太婆独自留在了村里。她把为猎手们准备的甜薯单独

---

〔30〕　C. G. Seligmann, *The Melanesians of British New Guinea* (Cambridge, 1910), pp. 379 *sq.*

放在一个盘子里,然后从自己的身体里,确切地说是两腿之间取出火来,把她自己的甜薯放在锅里用火煮。完事之后,她扑灭火,把盘子扔掉,等到猎手们回来后,仍把生的甜薯给他们吃。因为不小心,她把一块已经煮过的甜薯混在了猎手们的食物里,他们尝到后,都觉得很好吃,就决定要监视这个老太婆。第二天,他们中的一个人中途返回村里,看见了火,于是他就收集了一些树叶,做了一个火把,点燃了它。老太婆大叫起来:"那是我的火!我的火!还给我!"但是那个猎人还是把草丛全都点燃了。老太婆这时就一命呜呼了。火顺着草丛越烧越大,直到一场大雨把它们全都浇灭了。人们都来找火,但是却没有了,最后他们看见了一只盘起来的蛇,在它的下面还藏着火,这也就是为什么直到今天那种蛇看起来还是像被灼烧过一样。人们有了火,就能做饭了,他们还把老太婆掩埋了,大声喊着:"噢!噢!我们现在好高兴啊!"就这样,他们尽可能长地保住火种,并进一步发现了用一根硬木片的尖头摩擦另一块软木片来取火的方法。[31]

居住在荷属新几内亚南海岸的马英德安尼姆人(Marind-Anim)说,很久以前人们是没有火的。有一天,一个名叫尤巴(Uaba 或 Obē)的刚刚成年的男人紧紧地拥抱住他的妻子酉琉姆布(Ualiuamb),以至于尽管他努力挣脱,却不能和妻子分开。最后,来了一个精灵或者是神(dema),使劲地摇晃他们俩,想要把他们分开。他这样做着,这两个摩擦的躯体间就冒出了烟和火光,火就这样诞生了。而钻木取火的方法,即通过两根木头取火的方法也诞生了。这个时候,那个女人酉琉姆布就生下了一只食火鸡和一只巨鹳(Xenorhynchus asiaticus),这两种鸟的黑色羽毛就是由他们父母生他们时产生的火和烟所熏黑的。此外,鹳还烧伤了它的脚,而食火鸡则烧到了它的嗉囊。村里人都不知道这是怎么回事,突然间有人喊道:

---

[31] Rev. W. E. Bromilow, "Dobuan (Papuan) Beliefs and Folk-lore," *Report of the Thirteenth Meeting of the Australasian Association for the Advancement of Science*, held at Sydney, 1911 (Sydney, 1912), pp. 425 *sq.*

"火! 火!"所有人就都跑过来,直到尤巴的房子都燃烧起来后,他们才意识到火是从那里来的。这时正是旱季,火蔓延得很快,所有的东西都被引燃了。燃烧的东西落到人们的头上,把他们的头发烧掉了,所以,今天他们中的很多后代都是秃头。东季风吹着大火沿着海岸蔓延,就是因为这个原因,海边这一大片土地上寸草不生,一棵树也没有。海边的生物都被烧到了,火苗把它们燎成红色,因此,今天人们烤螃蟹的时候,它们也会变成红色。[32]

马英德安尼姆人这个关于火起源的神话,显然和其他很多"野蛮人"一样,把钻木取火比喻成两性的交媾。根据这个想象的类比,很多"野蛮人"都把那根竖着的木棍看做是男性,而那根躺着的、被钻孔的木头是女性。[33] 因此,我们可想而知,马英德安尼姆人是常常用钻木(rapa)来取火的,尽管他们也知道并且常用锯木的方法来取火,这种方法需要把一根尖头竹子斜插进地里,然后用一根竹条沿着它的锋利边缘一前一后地摩擦。[34] 事实上,据说直到很晚近的时候,马英德安尼姆的一个秘密会社,原则上还要通过仪式活动重现神话中火起源的故事,即伴随着性放纵行为,庄重地点燃一把火,这种性行为被认为是保存火种的关键。这类仪式每年都会举行。[35]

在荷属新几内亚北海岸附近的奴弗岛(Nvefoor 或 Noofoor)上,当地人说最早是一个魔法师教给他们取火方法的。而这个岛的名字就是因这个事件而得来的,它的意思是"我们(有)火"。[36]

---

[32] P. Wirz, *Die Marind-Anim von Holländisch-Süd-Neu-Guinea* (Hamburg, 1922—1925), vol. i. Part ii. pp. 80—83.

[33] 这种比喻的例子参见 *The Golden Bough*, Part i., *The Magic Art and the Origin of Kings*, vol. ii. pp. 208 *sqq.*; 以及我的评论:*Fasti of Ovid*, vol. iv. pp. 208 *sqq*。

[34] P. Wirz, *op. cit.* vol. i. Part i. p. 85.

[35] P. Wirz, *op. cit.* vol. i. Part ii. pp. 83 *sqq.*, vol. ii. Part iii. pp. 3, 31—33.

[36] J. B. van Hasselt, "Die Nveforezen," *Zeitschrift für Ethnologie*, viii. (1876) pp. 134 *sq*.

第五章
美拉尼西亚的火起源神话

在新几内亚北边的阿德默勒蒂群岛(Admiralty Islands),当地的人们说,最初的时候,地上是没有火的。一个女人派一只海鹰和一只欧掠鸟到天上去取火回来。她这样说:"你俩去天上吧！你俩去天上把火带给我!"于是,这两只鸟就飞向天空。海鹰找到了火,它们俩就飞了回来。可是,在从天上回到地上的途中,它们轮流携带火,欧掠鸟拿到火后,就把它放在自己脖子的后面了,大风吹起了火苗,就把它烧伤了。正是因为这个原因,今天的欧掠鸟是那么小,而海鹰却很大。如果欧掠鸟比海鹰大的话,那么火苗是绝对不会伤害到它的。这两只鸟把火从天上带给了我们。人们就能吃用火烤过的食物了。要不是这两只鸟,我们就不可能有用火烤熟的食物吃,而只能把食物放在太阳底下晒干。[1]

新几内亚东边的特罗布里恩德群岛(Trobriand Islands)上,当地土著说,火最早是在莫里吉拉吉村(Moligilagi)被发现的。卢克瓦西西伽(Luk-wasisiga)的一个女人先是生了太阳,又生了月亮,然后又生出了椰子。月亮说:"把我扔到天上去吧,这样我就能最先带给你们光明。"但是,它的妈妈不愿意这样。于是,太阳就哄骗母亲说:"既然如此,就让我先上去吧,我会给你的菜园地带来温暖,在你砍除灌木,为菜园准备空地时,我可

---

[1] Josef Meyer, "Mythen und Sagen der Admiralitätsinsulaner," *Anthropos*, ii. (1907) pp. 659 *sq.*

以用热量烘干它们,这样你就可以把它们烧掉,然后再种上甜薯。"这样,太阳就第一个跑到云层里去了。不久之后,月亮也被抛到天上去了,但是它很生气,就用了一些魔法阻碍菜园里那些果实的生长。

其实,生出太阳和月亮的那个女人,也正是火的母亲,她在很久以前就把火生出来了,却迟迟没有把火拿出来。这个女人有一个妹妹,她们两个生活在一起,靠一种野番薯为食。这个女人,也就是当姐姐的,每天都待在村子里,而那个小妹妹则去灌木丛里游荡、觅食,寻找野番薯。等她把番薯带回来,姐姐就用火烤熟,而给妹妹吃生的。到了晚上,妹妹咳嗽不止,而姐姐却睡得很好,因为她吃的是烤熟的番薯。

一天,妹妹出去后,中途又返回来了,躲着姐姐以免被发现。她看见姐姐把火从两腿之间生了出来,然后就用来烤番薯吃。姐姐发现了妹妹正在偷看,就对她说:"别激动,不要泄露这个秘密。不要让别人知道,否则他们会来白用我们的火,不给任何报酬。不要声张,我们可以好好地用这个宝贝来做好吃的。"可是,妹妹却说:"我不觉得对这事保密是个好主意。相反,我要拿着火把,把它们给其他的人,这样它就会燃烧起来,所有人就都能有火可用了。"她拿着火走了,点燃了木头,点燃了一种名叫达米奎(*damekui*)的树,点燃了很多很多的树,最后,全都燃起了熊熊大火。然后,妹妹对姐姐说:"看,你以为你真的能自己独享熟食,而让我们所有人都吃生的食物吗?"[2]

在特罗布里恩德群岛以南,是当特卡斯特尔群岛。当地人说,火最早是在古迪纳夫附近一个叫瓦吉发(Wagifa)的小岛上出现的,这是这个群岛中最大的两个岛之一。他们说,那时有一群狗正在瓦吉发的东岸捕鱼。它们抓住了一些鱼,就准备烤着吃,可是,谁也不知道该怎么用木棍来取

---

〔2〕　对于这个特罗布里恩德火起源的故事,我要感谢我慷慨的好友马林诺夫斯基(B. Malinowski)教授,他花费了好几年在当地调查习俗、信仰和语言。参见 B. Malinowski, *The Sexual Life of Savages* (New York and London, 1920), ii. 427. 这个故事和哇嘎哇嘎及度布的故事在实质上是一样的。See above, pp. 43 *sqq*。

火。其中有一只狗叫噶剌剌(Galualua)，爬到一块岩石的顶上晒太阳，看见海峡对岸的库库雅(Kukuya)有一缕烟升起来。于是，它就让同伴们待在这里捕鱼，自己过海去取火。在库库雅，它看见有一锅吃的正放在火上烤着，而一个女人正在自己的茅屋旁扫着地。狗抖了一抖自己的头，女人就转过身来看见了它。这只狗对她说："我的朋友，给我一点火好吗？我的同伴们正在打渔，我想带一些火回去给他们。"这个女人在它的尾巴上系了一根火把，但是在它游泳回去的时候，火把浸在了水里，熄灭了。它于是折返回女人那里，再要一根火把，女人就又系了一根在它尾巴上。和上次一样，它的背全都没进水里，只好再回来要。这回，女人问它："我这次应该把它绑在哪呢？"狗说："我的脑袋上。"这样，它顺利地把火带回到了瓦吉发。同伴们都问它怎么花了这么长的时间，噶剌剌说："哦，前两次火熄灭了，我就回去又拿了些。"它们就烤了鱼，然后吃掉了，然而在这之后，火变成了石头，狗全都跑进洞里去了。它们从此就一直待在那里了，只是在晚上，有时还出来吠几声。打那之后，瓦吉发岛就有了火。[3]

所罗门群岛中一个岛叫做布因岛(Buin)，那里的土著说，从前这个岛上是没有火的，因此在古时候，人们既不能烹饪，晚上也没有光亮，只能吃生的食物。而阿鲁岛(Alu)上的人们却有火。于是，布因岛上的人们就冲阿鲁岛上的人喊："给我们火。"可是阿鲁岛的人根本不出来搭理他们。布因岛的人们就进行了一次集体讨论，商量怎么才能拿到火，让谁去比较好。这时，一只小鸟(*tegerem tegerika*)说："如果我愿意，我就能把火带来。"布因人都不相信这只鸟的大话，他们说："你要是去的话，会死在海里，你是飞不了那么远的。"这只鸟就说："好吧，我来试试。"人们看着它飞远了，不一会儿就淡出了视线。这只鸟飞到了阿鲁岛，藏在了树林里，静候时机。然后，它看见人们用两块木头相互摩擦的方法来取火，今天布因岛的人们就是这么取火的。这样，它飞回布因岛，把阿鲁人取火的方法

---

〔3〕　D. Jenness and A. Ballantyne, *The Northern D' Entrecasteaux* (Oxford, 1920), pp. 156 *sq.*

告诉了那里的人们。[4]

在南所罗门群岛中的圣克里斯托弗岛(San Cristoval)上,当地人讲,造物神名叫阿古奴阿(Agunua),他有着蟒蛇之躯,还有一个孪生兄弟,是人类,他教这个人种植甜薯和其他作物的方法。于是,过了一段时间之后,就有了一个菜园,里面长出各种甜薯,有大有小,有白色的还有红色的,光滑的或粗糙的,野生的或是栽培的;那里还长出了香蕉树、椰子树、杏树,以及各种果树,各自都结满了果实。但是这个人却说:"这些东西太硬了,没法吃。我怎么才能使它们变软呢?"造物神,即那条大蛇(figona),就把自己的杆子给他,说:"在这上面摩擦,看看会发生什么。"火就这样起源了,烹调术也随之诞生了。[5]

在新赫布里底斯群岛(New Hebrides)中的马来库拉岛(Malekula)上,关于火起源的故事是这样的:一个女人和她的小儿子到丛林里去。这个小男孩儿因为不想吃生食,就哭闹起来。于是他妈妈就拿一根木棍在一块干木头上摩擦来逗他玩。这样做的时候,她出乎意料地发现,木棍开始冒烟、闷燃,最后着起火来了。然后,她就把食物放在火上面,发现这样的食物尝起来可美味多了。从那之后,人们就开始使用火了。[6]

在新几内亚以北的一个大岛即新不列颠岛(New Britain)上,当地人传说,点火方法在最初是一个秘密,成年的男子们小气地守护着它,不让女同胞们知道,最后是由一只狗把它泄露给女人们的。故事是这样的:

一个秘密会社的成员们正在集会。狗感到很饿,它就开小差走开了,跑到了树林里。在那里它碰见了女人们和那些未受过成年礼的人们。它的毛发都涂着象征秘密会社的颜色。遇见那些人后,它就躺在了地上。

---

[4]　R. Thurnwald, *Forschungen aufden Salomo-Inseln und dem Bismarck-Archipel* (Berlin, 1912), i. 394.

[5]　C. E. Fox, *The Threshold of the Pacific* (London, 1924), pp. 83 *sq.*

[6]　T. Watt Leggatt, "Malekula, New Hebrides," *Report of the Fourth Meeting of the Australasian Association for the Advancement of Science, held at Hobart, Tasmania, in January,* 1892, p. 708.

那些人说："不要到我们这儿来。"狗说："为什么?"他们回答说："因为汝乃受成年礼者。"可是狗却说："我很饿。肚子很空,需要吃一些芋头。"女人对它说："汝既要吃芋头,火又何寻,此处无火。"狗接着说："稍等片刻,我在秘密会社见到他们在地上做过一样东西,现在我来施演它。"女人们说："不要,免得伤到我们。"狗说："不会伤到你们的,我真的很饿。"人们说："别,别做。"狗回答："不,我要做。"女人们说："不要靠近我们。""为什么?"狗问道。一个女人回答说："因为你是已行过成年礼的。"但是狗却说："把那边的哼(kua)树木头撅成两半,拿到这儿来。"女人就照着它说的做了,并把木头给了它。然后问道："这是干什么呢?"狗说："看着。"狗从她那里接过木头,用自己的牙齿咬下一块,然后对女人说："坐在这块哼木头上。"她就照着坐在上面。这只狗就用摩擦木头的方法来取火:它非常用力,过了一会儿就冒烟了。那个女人流下了眼泪,她哭着说想要嫁给这只狗,狗感到很高兴。那些未成年的人们也用摩擦的方法来取火,却被成年的人们看见了。这些人问他们："谁教你们的?""狗教给我们的!"女人们回答。成年的人说："噢!原来是它泄的密!"那个掌管秘密会社场地的人是很有权势的,他说："你们带着狗来,可是它会泄密!它泄露了秘密!这是我们的秘密!"于是,他们就对狗施魔法,让它丧失语言能力,从此,狗就再不能说话了。[7]

　　昂通爪哇(Ongtong Java)是所罗门群岛东北部的一座大珊瑚礁,也被称为豪尔勋爵岛(Lord Howe island)*,或者不太准确地说,即卢安尼哇(Leuaniua)。居住在这个珊瑚礁上的岛民和波利尼西亚人有很多相似之处,其语言也是一种波利尼西亚方言,但是在文化上却有诸多不同。比如,他们没有社会等级,在其传说中,也没有伟大英雄髦伊(Maui)的影子,而这是波利尼西亚火起源神话中的一个重要角色,在后文中我们会很

---

〔7〕　A. Kleintitschen, *Mythen und Erzählungen eines Melanesierstammes* (St. Gabriel, Mödling bei Wein, 1924), pp. 502—504.

　　*　原文为 Lord Howe and,经查证应为 Lord Howe island。——译者

快谈到。流行于昂通爪哇的火起源神话和波利尼西亚的版本是完全不同的,但是,它却与在吉尔伯特群岛(Gilbert Islands)上发现的密克罗尼西亚神话极其相似。[8] 至少从这个情况看来,说明相对于美拉尼西亚,昂通爪哇和密克罗尼西亚有着更明显的民族关系。这些神话,以及已经有的关于昂通爪哇的记录都应归功于慷慨的胡各宾先生(Mr. H. Ian Hogbin),他在这个珊瑚岛上生活了 11 个月,学习了当地语言,对土著进行了不少研究。他们的神话是这样的:

帕埃瓦(Pa'eva)是大海中的神灵。很久以前,这位神灵有一个儿子,名叫科阿希(Ke Ahi),他就是火。父子俩一起住在大海深处的海床上。有一天,帕埃瓦无缘无故地对儿子大发雷霆,科阿希决定离家出走。他浮在海面上,来到了昂通爪哇岛上的主要村庄——卢安尼哇。这里的人们非常讨厌他,因为无论他碰到什么,都会着起火来。对于人们来说,他无异于公害,就被赶跑了,只好逃到一个小岛上,这个岛为一个女人所有,她的名字是卡帕埃(Kapa'ea)。在这里他像上次一样带来了很大的破坏,为了保住自己的财产,卡帕埃只好用一根棍子杀死了他。

过了一阵子,帕埃瓦为自己的发怒而后悔,就来找儿子。他循着灰烬一直跟到女人的房舍前。大声地喊儿子的名字,喊了很多遍也没有人应答,他估计儿子是已经死了。为了向凶手复仇,他要把这个岛轰到海平面以下去。但是在他没发威多久,那个杀死他儿子的女人卡帕埃就出来了,告诉他整个灾难的经过。为了保住剩下的财产,她表示愿意做帕埃瓦的妻子。这是一个很漂亮的女人,神灵同意了,并答应放弃自己的复仇。

他们结婚以后,帕埃瓦就问妻子卡帕埃,儿子到底是怎么死的。于是,她一五一十地讲述了她是怎么用一根棍子打他,直到把他打死。当父亲的很喜欢这个儿子,他悲痛地抱住那个曾致他儿子于死地的棍子,那个凶器。突然间,科阿希就活了过来。他的父亲帕埃瓦高兴极了,一把抱他

---

[8] See below, pp. 88 *sqq.*

起来,要带去大洋的深处。然而,科阿希已经无法适应大海了,当他们扎进水里的那一刻,他又死去了。他的父亲带着儿子的尸体回到岸上,而在他们上岸后没多久,科阿希就再次复活了。然后,他就解释说,自己已经不能再回大海了,无论怎么样也是不可能了。这就是为什么在今天人们不能在水中取火的原因。

第六章
波利尼西亚和密克罗尼西亚的火起源神话

新西兰的毛利人说,很久以前,伟大的史前英雄髦伊决定消灭其女祖马胡伊卡(Mahu-ika)的各种火。于是,他就在夜里起来,熄灭了村子里每家厨房里的火,然后在清晨的时候,就对仆人们大声说:"我很饿,我很饿,快给我做些吃的。"一个仆人就马上去生灶火,但是已经没有火了,他就到村里挨家挨户借火,却发现所有的火都熄灭了,没有火可以借了。

髦伊的母亲知道这事以后,就对仆人们大喊,"快去找我的伟大祖先马胡伊卡补救,告诉她地上的火全灭了,让她再给世界带来一次火吧!"但是这些仆人被警告过,不许听她的命令。最后,髦伊就跟他妈妈说:"既然如此,就让我来为世界带回一些火吧,可是我该走哪条路呢?"他的父母告诉他:"沿着你前面的大路走,最后就会到达你们一个女祖的居所。如果她问你是谁,你应该大声说出自己的名字,这样她就知道你是她的一个子孙,但一定要小心,别和她耍花招,因为我们听说你比常人伟大,喜欢愚弄和伤害别人,或许你现在已经在为欺骗这女祖而打好了算盘,但这是千千万万做不得的。"髦伊回答说:"没这回事,我只是想为人们带来火,没别的,等我拿到火后会尽快回来的。"

说完他就出发了,最后到达火神的住所,在那里他被眼前的所见所闻给惊呆了,很长时间不知该说什么。到最后,他只好说:"哦,女神,你能显灵吗?你把火放哪里了?我来向你求一些火。"然后那位老太太就直起身来,问道:"噢……这位凡人你是谁?"他答道:"是我!""你是从哪里来的?"女祖问道,他又回答说:"我就是这一带的人。""你不是本地人,"女祖说:"你长得和这里的老百姓不一样。你是从东北方来的吗?"他答道:"不是的。""那你是从东南边来的吗?"他答道:"不是。""你是从南方来的是吧?"他还是回答:"不是。""你是不是从西边来的?"他仍旧回答:"不是的。""那么,你是来自我所面对的风的方向,是吗?"他才回答:"是的!""噢,原来……"女祖大声说道:"你是我的孙子呀,你来这干什么呢?"他回答说:"我来求你要火。"女祖回答说:"欢迎,欢迎,来,我给你火。"

这时,这位老太婆就拔下她的指甲,就在这时,火就从里面冒了出来,然后就给了他。当髦伊看见她拔下自己的指甲就产生了火,觉得这是一件不可思议的事! 于是,在他走回一小段路程后,就把火熄灭了,然后就折返回去,对女祖说:"你给我的那点火苗熄灭了,请再给我一些吧。"然后她就握住另一个指甲,拔下来,从里面取出火,给了他,而这个人离开后不一会儿,又把火弄灭了,然后再次回来,说:"哦,女神,求你再给我些火吧,上回那些又灭了。"他就这样一次又一次戏弄老太婆,直到她把自己一只手的所有指甲都拔掉了,他还不罢休。老太婆又把另一只手的指甲也拔光了。手指甲没了,她就拔脚指甲,最后拔到只剩下一个大脚趾的指甲。这时这个老太婆终于自己琢磨道:"这个家伙肯定在耍我。"

她就拔下那最后一根脚趾上的指甲,这瞬间变成了火,然后她把火全部倾倒在地上,整个地方都燃烧了起来。她对髦伊大喊:"给! 全都给你!"髦伊就逃跑了,一路狂奔,但是大火紧紧跟着他。于是他就化身成一只疾速的鹰,就在身后的大火马上就要烧到他时,以迅猛的速度飞走了。然后,这只大鹰一头猛扎进一个池塘里,但是这时水也已经滚烫了。森林也着起大火,鹰已无处可躲,大地和海洋都烧了起来,髦伊即将葬身于火海。

他就呼唤他的祖先塔维瑞玛提(Tawhiri-ma-tea)和沃提提里玛塔卡塔卡(Whatitiri-matakataka)给他降下大量的水,他对着天呼喊:"噢,给我水,让我灭了身后的大火吧。"刹那间,狂风呼啸,塔维瑞玛提降下倾盆大雨,火全都灭了。而在马胡伊卡找到避雨的地方前,她差不多已经被大雨浇垮了,现在轮到她声嘶力竭地嚎啕了,就像髦伊被大火灼烧时那样,就这样,髦伊完成了这次任务。就是用这种方法,火神马胡伊卡的大火被熄灭了。但是在它们灭绝之前,为了保住火种,她把几颗抛出了的火星藏到了凯廓玛廓树(*kaiko-mako*)和其他几种树中,使得它们得以保存下来,从此,当人类需要火时,就从这些树上取材来生火。[1]

这个神话解释了为什么用某些特定的树种木材可以点火,即为了保护火种不被天庭的大雨全部浇灭,火神在这些树中藏了一些火,所以现在从中仍可取出火来。这是这个神话的主旨。在其他的一些版本中,它表现得更加充分。如,其中一个版本是这样讲的:当髦伊被大火追着的时候,他呼唤天庭的大雨,"大雨伴随着雷鸣倾盆而泄,很快就浇灭了大火,使大地成为一片泽国。当洪水要淹没提克提可(*tiki tiki*),也就是髦依卡(Mauika)的头部的时候,那些在此避难的火种们就逃向拉塔树(*rata*)、西脑树(*hinau*)、凯塔提树(*kaikatea*)、瑞姆树(*rimu*)、马泰树(*matai*)和米罗树(*miro*),但是这些树都不接纳它们;于是它们又奔向帕特特树(*patete*)、凯廓玛廓树、玛侯何树(*mahohe*)、托塔拉树(*totaro*)和普克提树(*puketea*),这些树接受了它们,后来通过摩擦仍可以从这些树中取得火。"[2]在另外一个版本中,又是这样记载的:"只有一点点火逃脱了大雨。马胡伊卡把它们放进托塔拉树,但是它们无法燃烧;就又放进马泰树,但是还是不行;又放进玛侯树(*mahoe*),在这里它们可以烧起来,但是很弱;最后就放进了凯廓玛廓树,燃烧的效果很好,火种终于幸存下来。"[3]

------

[1] Sir George Grey, *Polynesian Mythology* (London, 1855), pp. 45—49. 这个毛利神话的简短版,可见 R. Taylor, *Te Ika A Maui, or New Zealand and its Inhabitants* (London, 1870), pp. 130 *sq*.; John White, *The Ancient History of the Maori*, ii. (London and Wellington, 1889) pp. 108—110. 泰勒谈到髦依卡(马胡伊卡)是一个男性祖先,也不是髦伊的祖先。关于这个人物的性别,在波利尼西亚神话中有很多不同的见解。参见下文,以及 E. Tregear, *Maori-Polynesian Comparative Dictionary* (Wellington, N. Z., 1891), p. 194, *s. v.* "Mahuika"。

[2] R. Taylor, *op. cit.* p. 131.

[3] John White, *op. cit.* p. 110.

所以,这个神话是用来说明各种木材不同的可燃性质的。

莫瑞欧瑞斯人(Moriois)有一个相似的神话,这群人生活在新西兰以东的查塔姆群岛(Chatham Islands)上。作为毛利人的一个分支,莫瑞欧瑞斯人是以前从新西兰迁徙到查塔姆群岛的,故而也就带来了原来地方的传说故事。他们关于火的神话是这样的:

"这个毛利人去髦希卡(Mauhika)那里取火,[4]他找髦希卡要火,这个髦希卡就拔下他自己的一根手指,这便是火,就给了髦伊,后来髦伊把它弄灭了,就又去找髦希卡,再获得了一根手指。髦伊一次又一次弄灭火,再要火,使得髦希卡只剩下最后一根小手指了。髦希卡发现自己被髦伊愚弄了,就大发雷霆,于是就把自己的小手指扔到树林上,那里有伊尼希纳树(*inihina*,毛利语称为 *hinahina* 或瑞香料灌木)、卡拉姆树(*karamu*)、卡拉卡树(*karaka*)、阿可树(*ake*)、绕提尼树(*rautini*)和寇寇皮瑞树(*kokopere*,毛利语称为 *kawakawa*)。除了玛泰拉树(*mataira*,毛利语称为 *matipou*),其余的树都燃烧了起来。[5] 因此,所有这些可燃的树都被用来当做卡胡纳希(*kahunaki*,一种被磨出槽的木片,固定住这块被磨的木头,通过使用摩擦的尤瑞[*ure*],最终可以生出火)。他还把火扔到石头里,火石就是这么产生的,以后从火石里面就能生火了。髦伊被髦希卡的大火追着,从地上的山到海里的水,都燃起了大火,连髦伊自己也燃烧了起来。他的嚎啕惊动了翰盖阿特马拉马(Hangaia-te-marama),惊动了大雨,惊动了中雨,惊动了小雨。在雨中,髦伊终于得救了。"[6]

新西兰以北,遥远的太平洋上坐落着汤加群岛(Friendly Islands),那里生活的土著对于为什么火能从几种特定的树中取出来做了相类似的解释。十九世纪上半叶的美国探险远征队对此进行了简要的记录,他们的

---

[4] "从莫瑞欧瑞斯人那里,并不能十分确定这个马胡伊卡是男性还是女性——从材料中显然可以看出他是个男性。"

[5] "这解释了用摩擦方法可以从哪些树中取火的原因。"

[6] Alexander Shand, *The Moriori People of the Chatham Islands* (Washington and New Plymouth, 1911), p. 20 (Memoirs of the Polynesian Society, vol. ii).

故事是这样的："髦伊有两个儿子,大儿子叫髦伊阿塔隆加(Maui Atalon-ga),小儿子叫齐吉齐吉(Kijikiji)。＊齐吉齐吉从土地里获得了一些火,教会了人们做饭,人们发现烹调过的食物非常好吃,从此之后人们就吃烤过的食物,而不是向先前那样茹毛饮血了。为了保存住火种,齐吉齐吉就令这些火住到一些树里面,因此后来人们就能用摩擦木头的方法来取火了。"[7]

后来的探险者对这个汤加神话做了更详细的记录。把这些版本作一番比较会是很有意思的,它们基本上是吻合的。十九世纪中叶有个英国的传教士,他记录了这样一个版本[8]:

"在地上有了人类之后很长一段时间里,火都是不存在的。当然也就没有办法来做熟食。最后,这个问题终于得到了解决,事情是这样的。髦伊阿塔隆加和(他的儿子)髦伊齐吉齐吉住在哈发(Hafaa)的克罗阿(Koloa)。每天早上髦伊阿塔隆加都离开他的住所去布洛图(Bulotu)[9],到了下午就带着熟的食物回来。他从没有带着齐吉齐吉去过那里,也从不告诉儿子自己的路线,但是齐吉齐吉因为年轻活泼,比较喜欢开些玩笑。这件事激发了齐吉齐吉的好奇心,他决定跟着父亲去布洛图,好揭开路线的秘密。他跟着父亲到了一个洞口,这个洞藏在芦苇丛里,一般路过的人是看不见的。但是小髦伊进行了一番探查,就发现了入口,爬了下去。到了布洛图,他看见父亲背对着他在鼓捣着什么,就在庄稼地里的一块空地上忙乎着。小髦伊从诺乌树(nonu)上摘下一颗果子(这种水果比苹果要大一点点),咬了一口,然后调皮地把剩下的扔给他爸爸。父亲捡起水果,看见了儿子的牙印,回过头来说:'你是怎么来的? 你可要小心。

＊　在这句话之后,还有一个分句:"but by whom is not known",可以做多种解释,鉴于语境比较少不易判断,故暂作保留。——译者

[7]　Ch. Wilkes, *Narrative of the United States Exploring Expedition* (New York, 1851), iii. 23.

[8]　Sarah S. Farmer, *Tonga and the Friendly Islands* (London, 1855), pp. 134—137. 这个故事的作者应该是约翰·托马斯牧师(Rev. John Thomas, p. 125)。

[9]　在汤加的神话中,布洛图是酋长及其他伟大人物灵魂的处所。据说,这个地方在遥远的西方,要从地底下或者海底下才能到达。参见 Sarah S. Farmer, *op. cit.* pp. 126, 132。

布洛图是个可怕的地方。'他接着警告儿子做坏事的危险。髦伊让齐吉齐吉整理出一块空地,而且千千万万不要回头看他。但是齐吉齐吉没有听从父亲的忠告,被指派的活儿也干得很糟糕。他拔一点草就回头看看父亲。整个早上就这样拔拔看看、拔拔看看,根本没干多少正事。草长得很快,儿子越拔,它们就长得越快。到了下午,髦伊阿塔隆加要去做吃的了。'去,'他对儿子说,'找点火来。'这正是齐吉齐吉想要干的事情。'我该去哪里找呢?''去找莫度阿(Modua)。'[10] 在那里他找到了(他的爷爷)老髦伊,他正躺在火边的一块席子上取暖呢。他的火是一棵巨大的铁木树,一端是热的。小髦伊来了,对于这个不速之客,老髦伊很意外,也不知道这是他的孙子。'有何贵干?''要一点火。''拿吧。'小髦伊就在一个椰子壳里放了一些火,走了一小段。但是他调皮捣蛋的毛病又犯了,就把火都吹灭了,然后拿着空椰子壳回到了老头那里,又向他要火。小髦伊又一次拿到了这种珍贵的礼物,但是他又把它熄灭了。他就第三次去找那个老头。老头子生气了。'全都拿走吧'他说。小髦伊不慌不忙地拔起整根大铁木树,扛着它就走了。这时,老头知道这孩子不是凡人,就喊住他:'Helo,he,he,Ke-ta-fai。'这是在向他挑战摔跤。年轻人也准备好了,就转过身来,他们接触,开始角力。老髦伊抓起对方紧紧缠在腰上的衣服,把他甩了起来,脚都悬了空,然后把他摔向地上。齐吉齐吉像猫一样稳健地双腿落地。现在轮到他了,他以同样的方式抓起祖父,把他抡起来,扔到地上,摔得他浑身没剩下一块完整的骨头。老髦伊从此之后就一蹶不振了。他虚弱又困倦,自沉于泥土之下了。每当发生地震时,汤加人就齐声大喝战争的口号,为了把正在康复的老髦伊吵醒。他们怕万一老髦伊能起来了,就会把世界整个地颠覆。

　　"当齐吉齐吉回到他爸爸那里时,他就问他为什么花了这么长的时间。儿子默不作声,他不想说关于那个老头的事情。髦伊阿塔隆加觉得

---

〔10〕　无疑,莫度阿指的是髦伊莫度阿,也就是齐吉齐吉的爷爷,布洛图或说地下世界中的火之主人。See below, pp. 62 *sqq*。

事情不对劲,他就跑去看,发现老髦伊鼻青脸肿,已经残废了,就马上回来要惩罚自己的儿子。儿子跑掉了,当爹的就穷追不舍,但是还是没追上。夜幕降临了,两人要回到地面去了。髦伊警告儿子不要把火带回去,但是又像上次一样,长辈的老谋深算斗不过后起之秀的古灵精怪。小髦伊在所披的长袍末端藏了一点点火,拖在自己的身后。父亲走在前面,当他快到顶端的时候,闻了一闻。他说:'我闻到有火味。'小髦伊这时在后面不远,他马上解开自己的腰带,把里面的东西抖了一地。周围的树马上就着起火来,那一瞬间看起来大地似乎危在旦夕了。然而,塞翁失马焉知非福,坏事马上变成了好事。岛上的居民从此拥有了这个美好的礼物,他们可以点火照明,也可以生火做饭了。原始汤加人的这个传说令我们想起了古希腊神话中的普罗米修斯。"

一个天主教传教士还记录了这个汤加神话的更完整版本:

有个叫髦伊莫图阿(Mauimotua)的人和他的儿子髦伊阿塔拉加(Mauiatalaga)住在地下世界娄娄弗奴阿(Lolofonua)。这个髦伊阿塔拉加有个儿子名叫髦伊齐斯齐斯(Mauikisikisi),其意思就是小髦伊。他们全都住在地下世界里。但是髦伊阿塔拉加对髦伊家的其他亲戚们说:"我不想住在娄娄弗奴阿了,我要带着儿子髦伊齐斯齐斯去地面上;因为他还太小,没到懂事的年纪。尽管我会带他上去,住在地面上,但我还是会常回来看你们的,我还要回来干活,照料我在娄娄弗奴阿的庄稼。"于是,髦伊阿塔拉加和髦伊齐斯齐斯就住到地面上去了。他们住在瓦瓦屋群岛(Vavau Group)中的寇洛阿岛(Koloa)上,这个群岛是汤加群岛的一部分。他们在岛上的定居地名叫阿塔拉加(Atalaga);这是髦伊阿塔拉加名字中第二部分的由来。在这里,他娶了一个当地的女人,这女人也叫阿塔拉加。

寇洛阿岛很小,没有足够的地方让髦伊阿塔拉加来种植作物,所以他那时就常常回到娄娄弗奴阿耕种庄稼。同时,他的儿子髦伊齐斯齐斯逐渐长大了,这孩子鲁莽又淘气,给他爸爸添了许多麻烦。因此,他爸爸每次去地底下种庄稼时就总把他留在家里,他了解儿子顽皮的天性,如果带他到地下世界,怕他会在那里闯祸。于是,他就对妻子说:"老婆,当我去娄娄弗奴阿干活、耕种的时候,可要小心,别吵醒髦伊齐斯齐斯,免得他知道我离家,就跟上我,知道了去娄娄弗奴阿的路,然后跑到那里捣乱。"等到公鸡鸣叫、破晓的时候,髦伊阿塔拉加就醒来,借着微光,蹑手蹑脚地走掉了,生怕髦伊齐斯齐斯听见后跟上他。每天晚上都是如此,独自一人在黑暗中离开。因为他走得很早,天还没亮,髦伊齐斯齐斯就看不见他。

髦伊齐斯齐斯则每天一个人留守着,他很纳闷:"我爸爸去哪里照料庄稼去了? 我每天找他找得筋疲力尽,他到底去哪里干活了呢?"然后他就想到:"也许我爸爸去娄娄弗奴阿干活去了! 我要在早上监视他离开,天还没亮,我就得起来,然后跟踪他。"于是,髦伊齐斯齐斯就盯着他爸爸,一天夜里,他看见父亲髦伊阿塔拉加带着腰带和锄头溜走了。等他刚离开一小会儿,儿子髦伊齐斯齐斯就起床,跟了上去。他把距离保持得很远,以防父亲知道他在跟踪。父亲走到一棵卡霍(kaho,"芦苇")树的脚下,就停下来环顾四周,看看有没有人跟着他,但是髦伊齐斯齐斯已经藏起来了,所以父亲就没有发现他。这时,髦伊阿塔拉加就抓住树枝,把它连根拔起,放在一边,这样就堵住了去娄娄弗奴阿的路。他的儿子髦伊斯齐斯自言自语:"哈哈,这应该就是老家伙去娄娄弗奴阿照料庄稼的路吧。"于是他就起身走到卡霍("芦苇")那里,把它抱起来,扔得远远的,这样,去娄娄弗奴阿的路就展现在他眼前了。然后髦伊齐斯齐斯就下去继续跟踪他父亲。到达庄稼地后,髦伊阿塔垃加就开始为种植的作物除草。当他除草的时候,他的儿子髦伊齐斯齐斯就爬到一棵诺乌树上,摘了一颗果子,咬掉一口,然后向他爸爸扔去。他的父亲捡起这个果子,说:"这肯定是我那淘气儿子的牙印。"可是环顾四周,却看不见儿子,因为他躲在了树杈之间了。于是髦伊阿塔拉加就继续除草。但是,他的儿子又摘了一个果子,像上次一样咬了一口,扔了过去,他爸爸又说道:"这肯定是我那淘气儿子的牙印。"

这时,髦伊齐斯齐斯就大声叫道:"爸爸,我在这儿!"他爸爸说:"孩子,你是怎么来的?"儿子回答:"我循着你的路来的。"他爸爸就说:"来,和我一起除草吧。"他儿子就过来一起干活。父亲对他说:"你拔草的时候,千万不要回头看。"但是髦伊齐斯齐斯却一边拔一边回头看,草竟然又迅速地长了出来! 他的父亲髦伊阿塔很生气。"嗯?"他说:"我让那淘气包拔草时别回头看,他就是不听,这样的话草就很快长了回来,又变成灌木丛了。"于是,他的爸爸就过来,又在儿子已经拔过的地方重新拔草,那里的草已经又长起来了。但是,髦伊齐斯齐斯还回头看他,杂草和灌木就又在他脚后重生了。这时,父亲更生气了,就说:"谁让这个淘气又不听话的孩子来的? 淘气包,拔完你的草,就立刻去找火来。"

　　这个孩子就问他爸爸:"火是什么东西?"他爸爸就说:"去那边的房子里,有个老头正在取暖,从那要些火来我们做饭。"于是,髦伊齐斯齐斯就去找火,他走到那个老头子取暖的地方。呦,这个老人家竟然是髦伊阿塔拉加的父亲、髦伊齐斯齐斯的爷爷——髦伊莫图阿。可是,髦伊齐斯齐斯并不认识自己的爷爷髦伊莫图阿,因为从没见过面,他的爷爷也不认识他。老爷子正在取暖,髦伊齐斯齐斯就跟他打招呼,他说:"老头,给我点火。"这个老头就拿了些火给他。小孩拿着火走了,路上却用水把火熄灭了。他就又回到老头那里,说:"给我一些火。"老人就问他:"刚才你拿走的火呢?"髦伊齐斯齐斯说:"灭了。"于是老头子就又给了他一些火。然后这孩子又带着火离开后不久就用水把它熄灭了,再次回来要火。而老头髦伊莫图阿看见这小孩又回来了,就很生气,说:"这孩子怎么又回来了? 你拿走的火哪儿去了?"髦伊齐斯齐斯就回答:"我拿着火,然后它就熄灭了。所以我才又回来找你要火。"

　　这时候,火塘里面就只剩下一根大火把了。这个老头儿就非常气愤地说:"有本事你把这根大火把扛走好了。"因为他觉得这孩子是不可能扛得动的,髦伊阿塔拉加倒是可以搬得动。然而,髦伊齐斯齐斯走过去,用一只手就抓起了火把。髦伊莫图阿就说:"把火把放下,我还要取暖呢。"于是髦伊齐斯齐斯又放了下来。髦伊莫图阿大发雷霆,他说:"来,咱们摔跤吧。""没问题。"髦伊齐斯齐斯回答说。他话没说完,就把髦伊莫图阿举到空中,把他甩来甩去,然后重重地摔在地上。他这样做了两次,那个老人就被摔碎了骨头,昏了过去。

　　然后,髦伊齐斯齐斯就带着火,回到了他爸爸髦伊阿塔拉加那里。他爸爸看见他,就说:"你肯定去冒犯那个老人了。"髦伊齐斯齐斯回答说:"那个老头冲我发火,就因为我好几次找他要火,他就说:'孩子,咱们摔跤吧。'我们就摔跤了,他就倒下了。"髦伊阿塔拉加问道:"孩子,那他怎么样了?"髦伊齐斯齐斯说:"我把他撂倒了,他死掉了。"髦伊阿塔拉加被他父亲髦伊莫图阿的遭遇震惊了,自己的儿子竟然杀了他。他拿起锄头照着儿子髦伊齐斯齐斯的头就砸去,髦伊齐斯齐斯当场就死了,一下子就咽气了。髦伊阿塔拉加就找了一些名叫莫胡库瓦(mohukuvai)的草,把儿子盖上了。

　　然后他就去髦伊莫图阿那里,看看他是不是真的在摔跤中被这孩子杀死了。但是他发现父亲已经醒了过来,昏厥的感觉已经没有了。他就对父亲说:"爸爸,那个来杀你的淘气孩子,他并不认得你的。"他的父亲髦伊莫图阿回答说:"确实,我不认得他。"髦伊阿塔拉加就说:"我的儿子髦伊齐斯齐斯在地面上已经够粗野的了,谁会想到他竟到这里来杀你!就是因为他这么粗野,我才不愿带他来这里。现在他对你动粗,我已经把他杀了,他已经死了。"他的爸爸髦伊莫图阿就说:"天呐,亲爱的!你因为这个就把髦伊齐斯齐斯杀了!为什么不让着他一点呢?他是愚蠢,但是我们还未曾相识。去找一些诺乌叶子,那种树叫做诺乌发发(nonufia-fia),人们用它盖上死者,死者就能复活。"于是,髦伊阿塔拉加就去找了一些诺乌发发的叶子,盖住儿子髦伊齐斯齐斯的尸体,他就复活了。

　　他们吃过饭后,髦伊阿塔拉加就准备出发回地面去了。他对儿子说:"走在我前面,以防你在娄娄弗奴阿再捣乱,我已经受够了你的把戏。"但是髦伊齐斯齐斯却对他的父亲说:"你走前面,我会在后面跟着。"尽管担心自己的儿子会把娄娄弗奴阿的什么东西带到地面上,但他还是照办了。

于是,髦伊阿塔拉加就走在前面,髦伊齐斯齐斯跟在后面,却抓了一点火带走了。当他们往上爬的时候,髦伊阿塔拉加就停下来问:"孩子,哪里来的烟火味?"髦伊齐斯齐斯却回答:"没有啊,你闻到的或许是我们做饭的地方传来的味道吧?"髦伊阿塔拉加说:"孩子,没准是你带的火吧?"但是髦伊齐斯齐斯回答说:"没有啊。"他们就继续往上爬。过了一会儿,又有火的味道,髦伊阿塔拉加就停下来问:"哪里来的火的味道?"髦伊齐斯齐斯回答说:"我不知道。"可是髦伊阿塔拉加一瞧,髦伊齐斯齐斯偷偷藏在身上的火正冒烟呢。他的爸爸追着他大发雷霆:"我这辈子没见过像你这么淘气这么不听话的孩子! 你要把火带到哪里去?"他就把火扑灭了。

然后他们继续爬。但是,髦伊阿塔拉加并不知道,他的儿子髦伊齐斯齐斯在腰带里还藏了火,这个腰带就着了起来。他爸爸以为这时的味道是刚才扑灭的火的味道。于是他们就一直爬到了地面上。髦伊阿塔拉加找了地方藏起来,等着髦伊齐斯齐斯爬上来,怕他从娄娄弗奴阿带了什么东西。他看见髦伊齐斯齐斯爬上来后,就说:"这个孩子还是耍了我! 他把火带到地面上来了!"他就大叫道:"下一场大雨吧!"然后就下起了大雨。髦伊齐斯齐斯就对火说:"逃到椰子树里! 逃到投树(tou)里! 逃到地面上的所有树里!"

这就是火的起源,从此地面上就有了火。是髦伊齐斯齐斯从娄娄弗奴阿把火带来的,让我们能够做饭,带给我们光明,在寒冷和疾病侵袭的时候,让我们得到温暖。没有火的时候,人们只能吃生冷的食物。但是自从髦伊齐斯齐斯之后,自从他从娄娄弗奴阿带火来以后,我们作为他的后代就能随手取火了。正是因为这,你才可以用两个木棍摩擦取火,是髦伊齐斯齐斯让火跑到所有的树里,住在了那里。[11]

这个汤加神话还有另外的版本,是更为晚近的,由一位卫理公会的传教士——科尔寇特牧师(Rev. E. E. Collcott)提供的。故事是这样的:

---

[11] Le P. Reiter, "Traditions Tonguiennes," *Anthropos*, xii.—xiii.(1917—1918)pp. 1026—1040. 我简化了这个故事。

　　"火是怎么来到这个世界上来的——在地下世界曾经有四个髦伊。他们的名字是髦伊莫图阿（老髦伊）、髦伊罗阿（Maui Loa，长髦伊）、髦伊布库（Maui Buku，短髦伊），以及髦伊阿塔兰加（Maui Atalanga，托天髦伊或者撑天髦伊）。很久以来，他们都是住在地下的，但是髦伊阿塔兰加忍不住诱惑想要住到地面上去。他保证会常回来看他们，照顾菜园等各种必要的工作，兄弟们就同意了。阿塔兰加就带着儿子齐吉齐吉到上面的世界来了，他们住在寇洛阿，这是瓦瓦屋最古老的一部分。[12] 这个地方正式的名字应该是法弗鲁豪（Haafuluhao），但是这个名字也被不太确切地指整片地区。而这片地区的正确名称应是瓦瓦屋，寇洛阿只是这块地方最初的部分，正式名称为法弗鲁豪。这两个髦伊在寇洛阿定居下来，阿塔兰加在当地还婆了一个女人。他们住的地方，就叫做阿塔兰加。髦伊在寇洛阿并没有种植园，据说是因为这个地方不够大，但是他仍然耕种着自己在地下世界的园子。他往返于这两个世界，但是，从没有带上他的儿子，而是把他留在家里，和妻子做伴。但真正的原因是，这个小淘气太爱调皮捣蛋，他爸爸不想让他跟在身边。去地下世界照料菜园的时候，阿塔兰加都是在天亮之前悄悄地离开，他还谨慎地提醒妻子，不要弄醒这个捣蛋鬼，以防他跟上发现了路。当然，齐吉齐吉是忍不住自己的好奇心的，他找了很久都找不到父亲的菜园，最后终于确定那是在地下的世界里，于是决定严密监视父亲的行踪。

　　"在很多次的徒劳无获之后，有一天夜里，恰好他没有睡着，就发现父亲带着自己的锹（挖掘棍）出去了，他就起来跟了上去，还小心地不被发现。去地下世界的入口被一丛芦苇盖住了，阿塔兰加到了这里之后，谨慎地环顾四周，可是齐吉齐吉与他保持着安全的距离，还隐藏得很好，没有被发现，却仔细地观察着父亲的一举一动。阿塔兰加抓起芦苇，把它们连根拔起，隐藏于其间的洞就露了出来，他就从这下去了，然后再把手伸出

_____

〔12〕　在组成汤加群岛的三组群岛中，瓦瓦屋是最北边的那个。

来,把洞口掩盖住了。过了一会儿,估计他的父亲已走得足够远了,齐吉齐吉就过去把芦苇拨开扔到一边,下去继续跟踪阿塔兰加了。髦伊下去的地方名叫托哈拉考(Tuahalakao,显然是在芦苇路后面的地方)。齐吉齐吉跟踪他父亲一直到了地下世界,一直小心不被发现,终于找到了菜园。

"当这小孩到了的时候,他的爸爸已经在辛勤工作了,但是他自己却爬上了一棵诺乌树,摘了一颗果子,咬了一口,就朝他爸爸扔了过去。阿塔兰加捡起诺乌果,认出了上面的牙印是他那淘气儿子的,但是,环顾四周却没看见任何人,就只好继续劳动了;直到又一颗有牙印的诺乌果打断了他的工作,仔细看了看这个果子,他确信无疑了。' 这个……'他说,'绝对是我那捣蛋儿子的杰作。'齐吉齐吉也不再躲藏了,大喊道:'爸爸,我在这儿。'他爸爸问他怎么来的,他就说跟着来的,他爸爸又问入口是否被盖好了,他却撒谎说已经盖好了。阿塔兰加就让齐吉齐吉和他一起除草,还警告他劳作的时候绝对不能回头看。毫不令人惊讶,这孩子回头看了,他一边除草,后面的草就紧跟着冒出来。他的父亲只好再除一遍,还训斥他,但是这个孩子根本不把这当回事,还继续回头看,最后气得他爸爸只好不让他再除草了,而是去生火。

"齐吉齐吉从来都没有见过火,就问他爸爸火是什么。阿塔兰加告诉他,去不远处的一座房子里,就会看见一个老人家坐在火的旁边。齐吉齐吉必须拿一些火来,好准备食物。齐吉齐吉进到房子里后,看见了一个并不认识的老头儿,这就是髦伊莫图阿,阿塔兰加的父亲。他找他要火。拿到火之后就出去了,但是很快他就把火熄灭了,就回来再要。然后他再一次在外面把火熄灭。等到他回屋里第三次要火的时候,老人就生气了,而且也只剩下一根火把了,那是一根很大的木麻黄树木头。髦伊莫图阿就开玩笑地对这个小男孩说,要是能把这块大木头扛走,木头就归他了。当然,老人根本不觉得他真能给扛起来。这个齐吉齐吉,却用一只手就把木头拎起来了,扛着它就准备走。髦伊莫图阿立刻叫他把火放下,淘气包把火放下了,老人就向他挑战摔跤。在这次较量中,老人可以说是精神可嘉却有勇无谋,齐吉齐吉一次又一次地把他摔到地上,直到他咽气,就扛起木头走了。

"等他回到父亲那里,阿塔兰加就问他又对髦伊莫图阿干了什么淘气事,这么久才回来,但是齐吉齐吉仅仅回答说火总是熄灭,他只好又回去了几次。再追问下去,他才说出了摔跤比赛的事情,以及最后令老人丧命的结局。听到这个,阿塔兰加一下子就用锹把儿子砍倒在地上,他用一种叫莫胡库崴的草(*mohuku vai*,字面意思即水草)把尸体盖住。据说,因为盖在齐吉齐吉的尸体上,这些草从地上拔出来后都没有死。然后,阿塔兰加去看他的父亲,发现他又醒了过来。这位老人这才知道了和他争吵的就是自己的孙子,就让阿塔兰加去摘一些诺乌叶子(橄树)盖在尸体上,使其再次复活。这样做了之后,小调皮鬼就活了。这种诺乌树在人世间是并不存在的,它们只生长在天上和地下的世界里。

"他们父子俩吃过东西后,就准备回到上面去了。阿塔兰加担心儿子再搞恶作剧,就想让他走在前面,可是齐吉齐吉坚持让父亲带路,他就只好答应了。他们上路时,齐吉齐吉抓起一根火把,藏在了身后。过了一会儿,他爸爸站住问道:'什么东西在燃烧? 你是不是带着火了?''没有,'男孩回答,'或许是刚才我们做饭的地方传来的烟味。'父亲将信将疑,但还是继续赶路了。过了一会儿,他又回过头问:'孩子,哪来的烟火味?''我不知道。'齐吉齐吉回答。'孩子,你没有带着火吧?'阿塔兰加又问道。最后,当爹的看见了他儿子夹带的火所冒出的烟,就冲向他,抢过火把,把它熄灭了,为齐吉齐吉的淘气和顽皮狠狠地责备了他。然后他们就继续向上面的世界爬去。但是父亲并不知道,也看不见,齐吉齐吉缠腰布的末端已经着火了,被拖在后面。等到了地面之后,阿塔兰加就跑到前面躲起来,看看儿子是不是从下面带了什么东西来。当齐吉齐吉出来时,他就看见了那燃烧腰布上冒的烟。这时阿塔兰加就呼唤大雨,然而,尽管紧跟着就是一场瓢泼大雨,这个小孩却没有擅自罢休,他对火大喊,让它们逃进椰子树、面包树、木槿树、投树(破布木属)和其他各种树里。就是这样,火才来到了人间,结束了人类此前吃生食的生活,因为火住在了树木里,所以可以用摩擦木棒的方法来取火。"[13]

这个汤加的神话在实质上与毛利的神话是一致的。在这两种神话中,火都是被大胆的英雄用狡猾的计谋带到地面上来的,他从另一个世界中的火主人那里骗来了火种;此外,在两个故事中,火都差点被大雨浇灭,是因为逃进了树里才得以保住,摩擦的话也就可以从中取火了。这两个神话中主要的不同似乎是毛利版本中的火乃从上层世界中带来的,而汤加故事中的火是来自地下的世界;而且在毛利神话中,火的最初拥有者是英雄的祖母,而在汤加神话中是他的祖父;在那个毛利神话中,火储存在最初主人的身体里,她是从手脚的指甲中把火取出来的,而在汤加神话中对这种神奇行为却只字未提,而显然是说最初的主人是通过寻常的方式取得火、使用火的。

在汤加群岛以东,坐落着野人岛(Savage Island),也就是纽埃(Niué)。生活在那里的土著有一个火起源的故事,尽管我们只有其简化版本,但是这似乎也和汤加故事基本相似。他们讲道,有一对父子俩,名字都是髦伊,他们穿过芦苇下到地底的世界去。"和普罗米修斯一样",那个小髦伊从地下世界偷来了火,带着它跑回地面上,在他爸爸捉住他前,他把四周的灌木丛都点燃了。他爸爸试图扑灭大火,但是没有成功。据说,自从这次髦伊事件之后,纽埃岛的人们就能够生火做饭了。[14] 巴塞尔·汤姆森爵士(Sir Basil Thomson)还收集了一个稍有不同的纽埃神话。这个版本说,在很久以前,这个岛刚刚从大海中升出来不久,"髦伊住在地底下,他总是秘密地准备食物,他的儿子很长时间都被父亲所做食物的香味所吸引,就偷偷地观察做饭的过程,第一次看见了火。等髦伊出去的时候,他就偷了一跟燃烧的木棒,跑到通向纽埃的一个洞口处,将一颗

---

[13]　E. E. Collcott, "Legends from Tonga," *Folk-lore*, xxxii. (1921) pp. 45—48.

[14]　George Turner, *Samoa* (London, 1884), pp. 211 *sq*.

欧瓦瓦（*ovava*）树点燃了。从此，纽埃人就用这种树的木条来取火，把它与坚硬的卡威卡（*kavika*）树木条相互摩擦。"[15]像常常见到的情况一样，这个神话解释了用特定的木材摩擦取火的方法。

萨摩亚人的火起源故事和汤加人的也是相似的，尽管主人公的名字不尽相同。他们说，自己的祖先曾经是茹毛饮血的，是一个叫提依提依（Ti'iti'i）的人让他们过上了能够生火做饭的生活，这个人是塔兰加（Talanga）的儿子。这个塔兰加和地震之神玛弗阿（Mafuie）的关系不错，地震之神住在地下世界里，那里总是燃烧着熊熊大火。每次塔兰加都是走到一块竖着的大石头那里，然后说："石头，分开！我是塔兰加，我来干活了！"石头就分开，让他进去了，然后他就下到玛弗阿神的地盘上，那里有他的种植园。有一天，他的儿子提依提依跟踪父亲，看见了他的入口。过了一会儿，这个年轻人就跑到石头那里，模仿他爸爸的声音，说："石头，分开！我是塔兰加，我来干活了！"于是也进去了。他的父亲正在菜园忙乎着，看见自己儿子也来了，非常吃惊，就求儿子不要大声说话，以免让玛弗阿听见，招致其生气。他的儿子看见有烟冒起来，就问他爸爸那是什么。父亲告诉他那是玛弗阿的火。儿子就说："我得去搞一点来。""那可不行，"他爸爸说："他会生气的，你不知道他会吃人吗？"可这勇敢的青年说："我不怕他。"然后就哼着歌，朝冒烟的火炉走去。

"你是谁？"玛弗阿问这孩子。"我是提依提依，塔兰加的儿子。"他回答说："我来要火。""拿去吧。"玛弗阿说。他就带着一些炉灰回到父亲那里，这爷俩就准备烤芋头。他们点了一把火，正要把芋头放在热石头上，这时，玛弗阿突然吹垮了他们的炉子，石头也散落到四周，火被熄灭了。"瞅瞅，"塔兰加说："告诉你玛弗阿会生气吧？"他的儿子大发雷霆，就跑去质问玛弗阿："你干吗破坏我们的烤炉，熄灭我们的火？"玛弗阿被这年轻人的斥责激怒了，冲向他，两个人就扭在一起，摔起跤来。提依提依用

---

[15]　(Sir) Basil Thomson, *Savage Island* (London, 1902), pp. 86 *sq.*

双手抓住玛弗阿的右臂,使劲一拧,就把它扯了下来;然后他又抓住另一只胳膊,也想要拧下来。玛弗阿这时就向他的对手求饶认输了,要他留住那只左胳膊。"我需要这只手臂,"他说:"好稳当地托住萨摩亚。留住它吧,我会用我的上百个妻子们与你交换。""不行,我不要这个。"提侬提侬回答。"那好吧,"玛弗阿说:"给你火行吗? 如果你留住我的左臂,我就给你火,让你再也不吃生的食物。""成交,"提侬提侬说:"留住你的胳膊,火给我。"玛弗阿说:"去吧,你能在任何你砍开的树木里找到火。"在提侬提侬这事之后,萨摩亚的人们就能用干木条相互摩擦取火,然后吃上熟的食物了。据说,迷信的人们至今还认为,地震之神玛弗阿就在萨摩亚地下的某个地方。大地下面有个把手,像根拐杖似的,玛弗阿就是拿着这个东西时不时地摇一下。当地震发生的时候,人们通常会说:"多亏了提侬提侬,玛弗阿只有一只胳膊;要是他有两只手,那这地震还了得!"[16]

在这个萨摩亚故事中,父子俩的名字可能仅仅是汤加故事中名字的方言演化,萨摩亚故事中父亲名字是塔兰加,和汤加神话中的阿塔兰加、阿塔拉加(髦伊阿塔拉加)对应;而萨摩亚的提侬提侬和汤加的齐吉齐吉或齐斯齐斯(髦伊齐斯齐斯)也是相对应的。这个萨摩亚的神话还有一个显著的特点,即从火山现象来推断世上的火,因为我们可以肯定,那个地震之神所拥有的、在地底下永久燃烧的不灭之火,就是火山之火。而考虑到地震之神吹起火炉,使石头四散,这很可能是对火山爆发的神话描述。

在萨摩亚的北部,坐落着鲍迪克岛(Bowditch Island),也就是法考福(Fakaofo)。那里的土著说,火是从玛弗科(Mafuike)那里来的。"但是,

---

[16]　G. Turner, *Samoa*, pp. 209—211. 这个故事和斯塔尔牧师(Rev. J. B. Stair)讲述的版本基本一致,参见 Rev. J. B. Stair, *Old Samoa* (London, 1897), pp, 238 *sq*。当然,他说只有一个人下去了,这个人叫提侬提侬阿塔兰加。他是这样给这故事作结的:"这个塔兰加从下面的世界回到他开始的地方,用这根燃烧的火把点燃了各种树木。后面这段显然是讲后来通常可以借助摩擦从这几种木头里取火。"这个故事还有一个简版:George Brown, *Melanesians and Polynesians* (London, 1910), pp. 365 *sq*。还可参见 W. T. Pritchard, *Polynesian Reminiscences* (London, 1866), pp. 114—116。

和其他岛屿的玛弗科神话不一样,在这里的是一个盲老太婆。塔兰加爬到她所在的地下世界,向她要火。但是被她拒绝了,怎么说也没有用。最后他威胁要杀她,才使得老太婆屈服。有了火,他就让老太婆告诉他哪些鱼可以烤着吃,哪些是生着吃,此后,用火烹饪的时代就开始了"[17]。在这个岛东南边的联合群岛(Union Islands)上,故事也是类似的:"有个胆子大的人,名叫塔兰加,爬到地下的世界里,在那遇见一个名叫玛弗科的老太婆,她正在忙着做饭。他威胁要杀死老太婆,才迫使她把火这个宝物分给他一点,他把火储存在了某一种树木里,后来他的子孙们就用摩擦的方法从这些木头里取火。"[18]这些故事和萨摩亚的都是基本一致的,甚至连人名也差不多,塔兰加是一样的,而玛弗科和萨摩亚的玛弗阿也是相近的,尽管在萨摩亚版本中的玛弗阿是一位神灵,而其他故事里的玛弗科是一个老太婆。

在荷威群岛(Hervey Islands)*中的曼加伊亚岛(Mangaia)上,人们认为火是波利尼西亚的伟大英雄髦伊带来的。而这个故事中他为人类取得火的方式和毛利人以及汤加人的版本在很多地方上都是相似的。故事是这样的:

在最初的时候,世上的人们并不知道火是什么,他们只能吃生的食物。而在地下世界(Avaiki),居住着四位大神:火神髦伊科(Mauike)、太阳神拉(Ra)、擎天神鲁(Ru),以及鲁的妻子保塔兰加(Buataranga),她是通向神秘世界(invisible world)之路的守护神。

鲁和保塔兰加生出的儿子就是著名的髦伊。最初,髦伊的职责是去守护上层的世界,即那些凡人居住的地方。跟这里的所有人一样,他只能吃生的食物。他的母亲保塔兰加有时会来看他,但是从来不和他一起用餐,而是从一个自地下世界带来的篮子里取食物吃。有一天,趁她睡觉

---

[17]　G. Turner, *Somoa*, p. 270.

[18]　(Sir) Basil Thomson, *Savage Island*, p. 87.

*　即今天的库克群岛。——译者

时,髦伊偷偷看篮子里面,发现了熟的食物。尝过之后,发现比他平时吃的生食要美味多了。既然这些熟食是从下面的世界带来的,那么火的秘密必定隐藏在那里。为了能永远享受这熟食佳肴的美味,髦伊决定下到地底世界,去他父母的地盘那里看看。

第二天,等他的母亲要回到地下世界的时候,髦伊就偷偷地在灌木丛里跟踪她。这并不难,因为她每次来回走的都是同一条路。透过高高的芦苇丛,他看见母亲站在一块黑色的岩石对面,这样说道:

> 保塔兰加,要从这裂缝间全身而过。
>
> 彩虹一般之物,必听命。
>
> 如曙光中的黑云分为两片,
>
> 通向地下的路,分开吧,分开吧,汝等凶猛之物。

这些话一说出,石头就分开了,保塔兰加就下去了。髦伊细心地记下这几句咒语,然后马上就去见泰恩(Tane),这位神灵拥有很多神奇的鸽子。髦伊恳求他借自己几只鸟。这位神灵就拿了两只鸽子给他,先是一只,髦伊不要,再拿一只,他还是不要。他想要的是一只叫做阿考图(Akaotu)的鸽子,这个名字的意思是"无畏",这是其主人最珍爱的一只。泰恩是不愿意和自己的宠物分开的,但是髦伊向他保证一定会完璧归赵,便借给了他。带着这只鸽子,髦伊斗志昂扬地出发,去她母亲消失的那个地方。他大声背诵先前记住的咒语,石头就打开了,髦伊乘着这只鸽子下去了。有人说,他先是化做一只小蜻蜓,然后落在鸽子的背上,下到地底世界去的。守护这入口的两个凶猛怪兽看到有陌生人闯进来,就大发雷霆,一把抓住鸽子,要吃掉它,但是鸽子只被他们扯下了尾巴,然后它就飞到黑暗里去了。髦伊为这只鸽子的遭遇很是伤心,因为这是他好友泰恩的宠物。

到了地下世界之后,髦伊就去找他妈妈的住所,他看见的第一座房子就是了,因为他听见了母亲衣服上坠饰的声音。她的妈妈正在一个敞开的小棚里,把树皮衣拍打平整,这只红色的鸽子就落在了对面的伙房上。

她停下手里的活儿，看着这只红鸽子，心里想这恐怕是从上面的世界来的，因为地下的鸽子没有这种颜色的。保塔兰加对这只鸽子说："你是从'白天'来的吗？"鸽子点点头。老太太又问："你是不是我的儿子髦伊？"鸽子又点头了。这时保塔兰加就进到她的住所里，鸽子飞到一棵面包树上。髦伊变回他的人形，拥抱他的母亲，母亲问他是怎么来到这里的，又为什么来。髦伊说，他来这里探寻火的秘密。保塔兰加说："火神髦伊科掌握着这个秘密。我想做饭时，都是让你爸爸鲁去找髦伊科，求他给一个着火的木棒。"髦伊想要知道火神的住处，他的妈妈就指给了他，还说，那个地方叫阿瑞奥（Areaoa），即"榕木屋"。她还提醒髦伊要小心，"因为，"她说，"火神很可怕，脾气很暴躁。"

朝着缕缕浓烟升起的地方，髦伊大胆地走向火神之家，他看见这个神灵正在用一个烤炉做饭。火神问他有何贵干，他就回答："来要一根火把。"火神就给了他一支，但是在他越过面包树附近的一条小溪时，火被熄灭了。于是，他就回到髦伊科那里，再要第二根火把，但是又在小溪里把火熄灭了。他第三次去找火神要火把。这个神灵已经生气了，然而他还是在烤炉里翻了翻，找到一些炉灰，放在干木条上，给了这位赤胆髦伊。可是，这些燃烧的炭块也被髦伊扔到水里去了。因为他觉得，区区一根火把是没有用的，他必须学会取火的秘密，所以，他决定向火神挑衅滋事，迫使唯一的知晓者说出秘密。于是，他第四次去找已经暴怒的火神要火。髦伊科让他滚蛋，还威胁要把他扔到天上去，因为髦伊的个子很小。但这位勇敢的年轻人说，他已经准备好和火神一决雌雄了。髦伊科回屋去穿他的搏击腰带，回来的时候，却发现髦伊已经把自己膨胀到了很大的块头。髦伊科并没有畏惧，他抓起髦伊，把他扔得有椰子树那么高。但是髦伊成功地轻轻落地，没有受伤。第二次火神把他扔得更高，比世界上最高的椰子树还要高很多，但是髦伊还是完好无损地落地了，反而是火神已经气喘吁吁。

现在轮到髦伊了。他两次把火神远远抛到看不见的高度，然后又用手接住他,就像玩皮球一样。这时髦伊科已上气不接下气,彻底垮了。他哀求髦伊住手,饶他一命,还许诺会满足他的任何要求。髦伊回答说:"除非你告诉我火的秘密,告诉我它藏在哪?又怎么取火?"髦伊科欣然地答应了,保证告诉他所有的秘密,并带着他去自己那华丽的住所里。在屋子的一角,堆满了椰子壳,都很上乘;另一角则是好几束用来点火的木棍——柠檬槿(*au*)、荨麻属(*oronga*)、陶伊纽(*tauinu*),以及榕树(*aoa*)的木头。这些木棒都已经脱水,随时可以使用。在房屋的中间单独放着两根更小的木棒。火神把那一堆中的一支给了髦伊,让他握紧,而他自己却拿着那两根使劲地摩擦起来。他一边干着,一边唱道:

> 显灵吧,噢,向我显灵吧,你这隐藏的火,
>
> 汝等榕树!
>
> 燃烧吧;
>
> 向榕树(之灵)
>
> 祈愿!
>
> 为髦伊科点燃
>
> 那榕树的尘埃!

这歌唱着,髦伊就看见在那两根木棍摩擦产生的粉末间冒出了一缕青烟。随着他继续用力,烟越来越多,火神冲着它一吹气,火光就冒了出来,然后再用一些椰子壳当做火绒来助燃。这时,髦伊科把各种木棒伸到火里,马上燃起了大火,让髦伊吃了一惊。

就这样,取火的惊天秘密揭晓了。然而,已经胜利的髦伊还打算为他的遭遇以及被抛上天这事报复一下。于是,他就把这位已经被打败的对手的家给点燃了,把火神家的所有东西都烧光了,连石头都因为高温而爆裂了。

离开这片神鬼之地前,髦伊拾起髦伊科的那两根木棍,然后疾速地奔向面包树,红鸽无畏正在那里等着他。他的第一要务是找回遗失的鸟尾巴,以免泰恩怪罪于他。时间非常紧迫,大火正在迅速蔓延。髦伊回到鸽

子身上,让鸽子双脚各抓住一只木棍,朝着石头裂缝的入口处飞去了。髦伊又一次背诵从他妈妈那里学来的咒语,石头再次分开了,他就安全地回到了地上的世界。红鸽飞向了一个美丽又幽静的山谷,落在那里,这个地方从此就叫做鲁普陶(Rupe-tau),即"鸽子的歇脚处"。髦伊现在变回人形,急忙带着泰恩的宠物鸽往回赶。

在经过凯亚(Keia)的一个大峡谷时,他发现大火已经在前方烧起来了,它是从提奥阿(Teaoa)的地洞烧出来的,现在这洞已经关闭了。国王兰基和莫科伊若(Rangi and Mokoiro)急得不知所措,他们国土上的所有东西眼看就要被大火吞噬了。为了使曼加伊亚岛免于毁灭,他们派出了所有的仆人,最后终于扑灭了大火。

这次大火使得曼加伊亚的居民有了火,可以做饭吃了。但是一段时间之后,火用完了,因为他们并不知取火的秘密,也就没有办法重新点燃火苗。但是,人们惊讶地发现,髦伊家的火一直烧着。终于,他出于对世上人类的同情,告诉了他们这个大秘密,即火都藏在了木槿树、荨麻木、陶伊纽树和榕树里。他还教会人们如何用他做出的火条来取火。最后,他还要求人们唱火神的歌,这样可以增加火条的功效。从那之后,地上世界的人们就掌握了火条的技术,因而能享受光明的温暖和做熟的食品了。

据说,这种原始的取火方法在今天的曼加伊亚仍然很常见,唯一不同的就是用棉花来代替椰子壳作为助燃物。以前人们以为只有那四种在火神家发现的树木可以着火,榕树就作为了给火神的祭祀品。那个据说是导致大火烧出地面的地方就叫做提奥阿,其意义正是"榕树",这里以前是圣地,基督教引入后,当地人才把这里变成了山芋地。在荷威群岛中的另一岛屿拉罗通加(Rarotonga)上,保塔兰加的名字变成了阿塔兰加;在萨摩亚,它变成了塔兰加。而在萨摩亚方言中,髦伊科被称为玛弗阿。[19]

---

[19] W. W. Gill, *Myths and Songs from the South Pacific* (London, 1876), 51—58.

　　荷威群岛上的另一则神话是这样的:在这个群岛中的拉罗通加岛上,曾经住着一个名叫玛奴阿希法尔(Manuahifare)的人,他的妻子叫做通戈伊法尔(Tongoifare),是神灵汤加罗阿(Tangaroa)的女儿。他们俩有三个儿子,名字都是髦伊,还有一个叫伊奈卡(Inaika)的女儿。三个儿子中最小的那个名叫三髦伊,他也是全家年龄最小的,这个孩子既聪明又可爱。这个优秀的年轻人注意到,他的父亲玛奴阿希法尔每天清晨都会神秘地消失,然后晚上又奇怪地出现。更为奇怪的是,这个孩子本来是睡在父亲身边的,却不知道他爸爸是何时又如何离开和归来的。于是,他决心揭开这个秘密。有一天晚上,他的爸爸解下腰带准备睡觉,髦伊就把腰带的一端小心地压在自己的身下,没有被他爸爸发现。第二天清晨,当感觉到腰带从他身下抽走的时候,他就醒了。事情按照他的计划进行了,他就等着看有什么事发生。他发现,父母丝毫没有察觉,他们走到屋子的一个柱子处,然后说:

<blockquote>
噢,柱子! 打开,打开吧,

好让玛奴阿希法尔进去,下到地下的世界(Avaiki)里。
</blockquote>

柱子顷刻就打开了,然后玛奴阿希法尔就进去了。

　　那天,当这四个孩子像往常一样玩捉迷藏的时候,最小的这个髦伊就让他的哥哥姐姐们去外面,他自己在屋里找地方藏起来。等他们一出去,他就跑到父亲消失的那个柱子前,然后朗诵背下来的咒语。柱子马上就打开了,髦伊喜出望外,大胆地走向了地下世界。他的爸爸玛奴阿希法尔看到儿子,感到很惊讶,但是还是继续平静地干活。这样髦伊就只好自己一个人来探索这个地底下的世界。他看见一个瞎眼的老太婆正在用火做饭,她的手里拿着一个用椰子壳的粗纤维做的火钳,用这个工具她小心地夹起一个燃烧的炭块,放在一边,她把这个当做了食物,而真正的食物还在炭灰里烧着呢。髦伊打听她的名字,令他吃惊的是,这就是他的祖母伊娜波拉瑞(Inaporari),即瞎子伊娜。她这位聪明的孙子很可怜这位老妇人,但又不想告诉她自己是谁。瞎子伊娜做饭地方的边上有四株诺丽果树(橄树)。髦伊拿起一根树枝,轻轻地敲离自己最近的那棵果树。这时瞎子伊娜就生气地说:"谁在乱碰大髦伊的诺丽树?"那个大胆的孩子又走到第二棵树那,轻轻地敲起来。这个瞎子伊娜又生气地大喊:"谁在拿二髦伊的诺丽树捣乱?"然后髦伊又敲第三棵树,发现这是属于他的姐姐伊奈卡的。最后,当他敲第四株诺丽树,听见老奶奶问道:"谁在拿三髦伊的诺丽树捣乱?""我是三髦伊。"他回答说。"那么,"奶奶说,"你是我的孙子,这是你的树。"

髦伊看看自己的那棵诺丽树,发现上面光秃秃的,没有叶子,也没有果子。但是在瞎子伊娜和他说完话后,一看,咦!树上已经长满浓密的叶子和果实了,尽管这些果子还没熟透。髦伊咬下一块果肉,走到奶奶那里,把它扔到奶奶的一只眼睛里。奶奶虽然感到很疼,但是视力竟然恢复了。髦伊又摘下另一只果子,咬了一口,扔到奶奶的另一只眼睛里,咦,这只眼睛也好了。瞎子伊娜重见光明了。出于感谢,她对孙子说:"上面的世界和下面的世界都遵从于你,只遵从于你一个。"

听到这个,髦伊就问她:"火的主人是谁?"她回答说:"你的爷爷汤加罗阿忒玛塔(Tangaroa-tui-mata),也就是纹面汤加罗阿。但是别去找他,他是个脾气很坏的家伙,你肯定会遭殃的。"髦伊一点都不怕,径直朝火神——他的爷爷,纹面的汤加罗阿——那里走去。看见他之后,这个可怖的神就举起右手要杀死他;而髦伊也举起了右手。然后汤加罗阿就抬起右脚,想要把这个无助的入侵者踢死,但是髦伊也一样地抬起右脚。汤加罗阿对他的胆大妄为吃了一惊,就要他说出名字。他就回答:"我是小髦伊。"这个神灵才知道这是他的孙子,就问他来干什么。髦伊回答:"我来拿些火。"于是汤加罗阿就给了他一根燃烧的木棒,把他打发走了。髦伊走开不远,就在水边把火熄灭了。后来就是不断地重复去要火。当髦伊第四次去要火的时候,已经没有火把了,汤加罗阿只好拿两根干木棒相互摩擦来取火。髦伊帮他祖父扶住下面的那根,这火神摩擦另一根。就在木槽里的木屑即将点燃的时候,髦伊一口把它们都吹灭了。汤加罗阿气急败坏,要他的孙子滚开,然后叫一只燕鸥扶住下面的木头,他自己还像往常那样用上面的那根来摩擦。最后,火从摩擦的木棒间产生了,秘密揭开了,髦伊非常高兴。他从祖父手里抢过那根燃烧的木头;而那只白色羽毛的燕鸥还用爪子抓着底下的那根木条呢,髦伊就用那根燃烧的木棒烫了鸟的两只眼睛。今天燕鸥的眼睛边上有黑色的标记,就是这么来的。燕鸥被刺痛了,觉得好心没有好报,气得飞走了,永远也没有回来。

髦伊对他爷爷提议,他们俩都应该从那只鸟逃走的洞里飞向白天的世界。这个神灵就问他这怎么可能。"再简单不过了。"髦伊回答说,然后他像一只小鸟一样飞得高高,给他爷爷示范。汤加罗阿被这一幕吸引了,在孙子的建议下,扎上他自己那漂亮的腰带,也就是世人所见的彩虹,一下子就蹿上了比最高的椰子树还要高的高处。但是狡猾的髦伊有意飞得比汤加罗阿低,抓住他爷爷的腰带一端,使劲一拽,就把这倒霉的老神摔到了地上。汤加罗阿就在这一摔中死掉了。

髦伊学会了取火的秘密,杀死了自己的祖父,他很高兴,回到了父母那里,他们现在都在地下世界里。他告诉他们,自己已经掌握了火的秘密,但是对杀死祖父的事却只字未提。他的父母对他的成就很是欣慰,希望能去找汤加罗阿表示敬意。但是髦伊立刻阻止了他们这么做。他说:"你们后天再去吧,我想明天先亲自去。"他的父母答应了。第二天,髦伊就回到了汤加罗阿的住所,找到了他爷爷那已经粉身碎骨的尸体。他把这些碎骨收集起来,放进椰子壳里,然后捂住开口,使劲地摇了摇。再打开椰子壳一看,爷爷又活了过来。他把这个神灵从这个狭小的椰子壳里释放出来,给他洗干净,还用香甜的油脂涂满他全身,并让这个精疲力竭的神灵回他自己的房子里恢复元气去了。

髦伊这时回到了父母那里,发现玛奴阿希法尔和戈伊法尔正要去拜访汤加罗阿。他们的儿子就说服他们等到明天再去。事实是,他担心父母发现他所犯下的罪行而不高兴,就决定等父母去向汤加罗阿致敬的时候,自己一个人回到地上的世界去。第三天早上,汤加罗阿已经复原了,当玛奴阿希法尔和戈伊法尔看到这个神灵所遭到的损失和伤害时,被深深地震惊了。当玛奴阿希法尔问他父亲发生了什么时,这位神灵说:"噢,你们那个可怕的儿子来这儿把我打成了这样,他先是杀死了我,又捡起我的骨头,放在椰子壳里摇晃;后来又让我复活了,可是如你们所见,我已经鼻青脸肿、千疮百孔。哎! 你们的儿子太凶猛了!"这可怜的遭遇让髦伊的父母黯然泪下,他们急忙回到地下世界的老宅,想要找到儿子,这个小混蛋,好好教育他一番。可是他并不在家,早就回到地上的世界去了。在那里,三髦伊发现哥哥姐姐已经为他而默哀了,他们以为再也看不见他了。然后他把自己的大发现讲给他们听,还有他是怎么学会取火的。[20]

马库塞斯群岛(Marquesas Islands)上的神话是这样的:

在哈瓦基(Havaiki),也就是地下世界,有一个神,名叫玛威科(Mahuike),或者叫髦伊科。她是火神,也是地震和火山之神。她的独女已经结婚,住在地上,是髦伊的外婆。髦伊这时和自己的父母住在一座小岛的海岬上。他已经对生的食物厌倦了,所以就非常盼望能有火。他的父母每天夜里都会离开,这事令他很疑惑,最后他确定他们是去找火了,因为他们总是有熟的食物吃。又一次,他的妈妈说:"孩子,待在这,我马上就回来。""可是我想和你一起去。"孩子说。"你不能去,宝贝,"她说,"我是去要火的,如果女祖发现你跟着我,她会杀死你。"

可是,当他妈妈一走,这孩子就远远地跟了上去。在快到地下世界哈瓦基的入口处时,他的妈妈看见一只鸟落在一棵卡酷(kaku)树[21]上,就停了下来。她觉得这是一只派秋秋鸟(patiotio,这种鸟现在是马库塞斯的图腾),就叫来丈夫,向它扔石头。但是怎么也打不着,这个女人怀疑这鸟是自己外婆的化身。然而,她的丈夫说服她,继续扔石头,最后终于打到了鸟,它的一声尖叫才使他们发现原来这是儿子髦伊的化身。父母就继

---

〔20〕　W. W. Gill, *Myths and Songs from the South Pacific*, pp. 63—69.

〔21〕　这是奴库希瓦岛(Nukuhiva,马库塞斯群岛中最大的岛屿)上唯一的树种,其木不能用摩擦的方法点燃。

续朝着哈瓦基的方向走去,这条路又长又曲折。髦伊也从小洞钻进去,朝地下世界爬去,可是他刚要起步,就看见自己的外婆守着入口。他祈求外祖母让他过去,却遭到了顽固的拒绝,于是他就把外婆杀死了。这时,一些血滴在了髦伊他妈妈的胸口,她就对丈夫说:"有人杀了我的母亲。"而髦伊此刻已经没有什么障碍了,就向地下爬去。不一会儿他就看见往回赶的妈妈。看见他,妈妈就问:"你都干了什么?你杀了我妈妈。"她的儿子承认了自己的罪过。"是的,"他说,"她不让我过去,我想要拿到火,而且我已经下定决心了。"他爸爸说:"不要杀死,也不要伤害那位老神。"髦伊答应了他。

　　然后他径直走到火神髦伊科的家。他对她说:"给我一点火吧。"她问道:"你要火做什么?"他回答说:"我想烤一些面包果。"这个神灵就让他去拿一些椰子壳来。然后,她从脚趾里抽出了火给了他。这里有很多种火,有一种是从膝盖里出来的,还有一种是从肚脐里出来的,等等;但是,从腿脚中取出的火是最次等的,而从脑袋中取出的火是最神圣的。所以当火神把脚趾里的火拿给髦伊后,他就把它扔到水里熄灭了,然后再向火神要。这次,火神就从膝盖里取出火,放在他的椰子壳里。他同样是拿走,然后熄灭了,像上次一样,然后再去要火。"你这个烦人的小孩,你这个调皮的小孩,你拿火干吗了?"火神问道。"我跌进水里,还摔伤了。"髦伊回答。然后他就得到了火神后背上的火,但是他还是像上次一样把火熄灭了。最后,火神用肚脐里的火点燃了他的椰子壳,可是他仍旧像前几次那样把火熄灭了。这时,火神大发雷霆,面目狰狞,而髦伊却一点也没有畏缩。"我会各种各样的法术,"他说,"我根本就不怕你的魔法。"然后他拿起一块锋利的石头把她的头给砍了下来。髦伊回到父母那里,告诉了他们自己的所作所为。父母非常生气,为亲戚的死而悲痛。髦伊则拿着他所获得的火。起初他并不会用这个宝物,竟拿它去点石头、水之类的东西;最后他试着点树,点燃了木槿(fau)、木棉树(vevai)、凯埃树(keikai)、奥奇树(aukea)……除了卡酷树之外的所有树,而他自己则变成了一只鸟住在了这种树上。[22]

　　这个马库塞斯神话还有一个更早、更简短的版本,只是在细节上有点不同。这个版本是由一位名叫马克斯·雷迪盖特(Max Radiguet)的法国人记录的,他于 1842 年法国人占领这个群岛时在此生活了一段时间,那时当地土著的文化还没有受到太多欧洲的影响,他的记录无疑对我们是很有价值的。他写道,这个故事是这样的:"火的起源很有意思。玛荷伊科(Mahoïke,地震)被指派去守护地下世界中的火,对这个任务,他非常尽心。髦伊听到关于火的神奇传闻,就下到地底世界,想要偷一点火来。但是却被那位火神发现了,于是他就求他给自己一点火,可是玛荷伊科根本没有理睬他。于是髦伊就向他挑战,紧接着就打了起来,髦伊更厉害,他把对手的一只胳膊和一条腿都拧了下来。最后,这个已经残废的玛荷伊科为了保住剩下的肢体,就答应给他一些火,就是从他手里、腿上摩擦出来,但是髦伊识破了他的诡计,因为那种曾经冲上地表的火焰并不是圣火。于是他就让玛荷伊科换一种方法,最终,玛荷伊科就用火摩擦髦伊的头,然后告诉他:'回到你来的地方,用你的脑门去碰所有的树,除了凯埃树外,其余的树都会着起火来。'我所讲的,就是当地人如何用两个木棒相互摩擦来取火的方法。"[23]

　　在夏威夷,或说桑威奇群岛(Sandwich Islands),火起源的神话是这样的:神灵凯恩(Kane)和凯那罗阿(Kanaloa)令一位妇女怀上了一个宝宝。似乎是这样,按照他们的指示,她沐浴,又佩戴上希洛(Hilo)酋长卡拉那玛希奇(Kalana-mahiki)的束腰。结果,她就生下了一个蛋,从这个蛋里破壳而出的就是她的儿子髦伊,确切地说,他的全名是髦伊齐齐阿卡拉玛(Maui-kiikii-Akalama)。等到他长大了,他的母亲就给他戴上酋长父亲的

---

[22]　E. Tregear, "Polynesian Folklore: II. The Origin of Fire," *Transactions and Proceedings of the New Zealand Institute*, xx. (1887) pp. 385—387.

[23]　Max Radiguet, *Les derniers Sauvages*, Nouvelle Édition (Pairs, 1882), pp. 223 *sq*. 在这个故事中,火的守护者(玛荷伊科)显然是男性,而在崔吉尔(Tregear)的版本中这个神灵却是女性(玛威科)。

束腰,作为信物,送他去酋长那里,他的父亲认出了自己的儿子,还把他介绍给自己其他的儿子们。这些孩子都是这里不同的女人生的,他们的名字都是髦伊,为了区别,就分别称做髦伊木阿(Maui-Mua,大髦伊)、髦伊(最小的)、髦伊崴纳(Maui-Waina,中髦伊)。有一天,兄弟们出海打渔的时候,髦伊齐齐惊讶地发现海边正在着大火。后来他才知道,是他妈妈的房子着了火,因为她全身都烧伤了,她所碰到的每样东西也都着火了。髦伊就去遥远的山脉里寻找他所看见的火,在那里他发现了一群阿黎鸟(alea),其中的一只正抓着火飞来飞去,在伙伴中传递,好让它们烤香蕉和芋头。髦伊白忙乎了半天也没有抓住这只鸟,就去找自己的母亲求援,他妈妈告诉他,这只阿黎鸟本是她的头胎,现在在山林中生活,就学会了使用火。她建议他做一个持桨的木偶,下次兄弟们打渔时就放在独木舟里,这样,这只鸟就会以为他和兄弟们一起在船里。他听从了这个计谋,等渔船出发之后,自己还留在岸上,以便在阿黎鸟们游荡时攻其不备。这些鸟飞远了,但是其中的一只因为吃得太多了,跟不上大部队,就落在山上。髦伊抓住了这只鸟,并逼问它关于火的事情。这只鸟就坦白说,火是用两根木棒相互摩擦的方法制造出来的,还说明了哪些树可以用来做取火的木材。但是试验过后,他发现这些树都不能出火。髦伊气急败坏,正要把这只鸟的嘴给掰下来,好在最后试的豪树(hau)终于着了起来。但是,为了报复这只鸟让他白白受的累,髦伊用一根燃烧的火把烫了它的头,这正是今天这种鹦鹉脑袋顶上有红色羽冠的原因。[24]

这个火起源的神话在夏威夷土著的历史中被简要提到。我们从中发现,一位英雄"寻找火,并在一只阿黎鸟那里发现了它",这解释了这种鸟嘴上面那部分皮肤是红色的缘由。

因此,这个夏威夷火起源的神话和许多澳大利亚神话属于同一个类

[24] Adolf Bastian, *Inselgruppen in Oceanian* (Berlin, 1883), pp. 278 *sq.*; *id. Allerlei aus Volks-und Menschenkunde* (Berlin, 1888), i. 120 *sq.*

型,都是为了说明某种鸟类身上特殊颜色的来源。[25]

在埃里斯群岛(Ellice Group)中的努古费陶(Nukufetau),或说德皮斯特岛(De Peyster's Island)上,其火起源的神话非常与众不同。据说,是人们看到两根交叉的树枝在风中互相摩擦,然后着火冒烟,才有了火。[26]

在吉尔伯特群岛中的秘鲁岛(island of Peru)上,人们说"火是由一位老太太从天庭中的汤加罗阿那里取来,放到树上的。她告诉人们要摩擦取火,从此人们就能生火做饭了"[27]。

但是在这些岛屿上还有一个更神奇的火起源故事。人们说,"在最初的时候有两个王,塔巴奇(Tabakea)是塔拉瓦(Tarawa)之王,即地王,他住在地上。而巴廓阿(Bakoa)是玛拉瓦(Marawa)之王,即海王,他住在海里。

"后来巴廓阿有了一个孩子,名字叫特伊卡(Te-Ika)。等到特伊卡长大后,他就一直躺在海面上看日出。每天,当第一缕阳光射出海平面的时候,他就努力用嘴咬住一束光,想把它咬下来。就这样,他试了很长时间后,终于成功了;然后他就咬着阳光,向父亲巴廓阿那里游去。当他到了父亲的房子,就带着阳光进去坐下;可就在这时,当巴廓阿进来时,他被屋里的热量惊呆了,就对儿子说:'看看,你把房子烤得好热,你坐的地方都是烟。'于是特伊卡就离开他爸爸的房子,带着火去别的地方。可是,无论他待在哪儿,哪里都一样,房子冒烟,周围的东西都被高温烤干了。

"最后,巴廓阿担心儿子会把所有的东西都烤焦、毁掉,就说:'离开这儿吧,你会把我们都烤死的。'于是特伊卡就走了,去了东方的塔拉瓦,也就是塔巴奇的住所。他到了塔巴奇的地盘后,就带着阳光上到岸上,可是,无论他走到哪里,树木和房子就都被烤焦了,这是因为阳光很灼热,这

〔25〕 Jules Remy, *Ka Movolelo Hawaii*, *Histoire de l' Archipel Havaiien* (Paris and Leipzig, 1862), pp. 85,87.

〔26〕 G. Turner, *Samoa*, pp. 285 *sq.*

〔27〕 G. Turner, *Samoa*, p. 297.

热量也进入到了特伊卡的身体里。

"这时,塔巴奇就来驱赶特伊卡,但是没有成功。于是他就抄起手边随便的一种树和树枝来作为武器,向特伊卡的躯体攻击。他用尤瑞树(*uri*-tree,海岸桐)的木头攻击他,用赖恩树(*ren*-tree,白水木)的木头攻击他,用卡纳瓦树(*kanawa*-tree,橙花破布子)的树皮攻击他,还用椰子树上落下的硬树皮攻击他。在他的全力击打下,特伊卡和他的阳光最终被打成碎片,散落在大地的各处。

"但是,在特伊卡离开他的父亲巴廓阿不久后,当父亲的就感到了悲伤,因为他很爱自己的儿子。最后,他就决定起身去所有的海洋里寻找儿子,可是海里没有。他就开始到陆地上找。后来,他去了东方塔巴奇的领地,他对塔巴奇说:'你看见过我儿子没? 他有着燃烧的身体,还带着一束阳光。'塔巴奇说:'我见过。他来过这里,因为我很怕他,就想把他赶走,但是没有成功。于是我就把他和他的阳光打得粉碎,碎片都散落在我的土地上了。'巴廓阿听到这些后悲痛欲绝,因为他太爱自己的儿子了,塔巴奇就说:'等一会儿,我会让你的儿子复活。'他就到特伊卡被打死的地方找到一根尤瑞树的树枝,用它和一根赖恩树树枝相互摩擦。哈,这是一种神奇的魔法,竟然开始冒烟了,巴廓阿就说:'这就和我儿子靠近树时所冒出的烟一样。'然后,塔巴奇又在同一个地方找来一堆干树皮,朝着树枝相互摩擦的地方吹气,火焰就冒了出来,他就点燃了一把火。巴廓阿被这魔法给吓呆了。他说:'你真的令我的儿子复活了啊。'然后,他就准备带着火回到西方,因为他觉得这确定无疑是他的儿子。可是,当他刚进入海里的时候,火就在水中熄灭了,他是不可能带着儿子走的。从此以后,特伊卡那被塔巴奇打碎的身体,还有阳光,就永远地留在了树枝和木屑里面,因为塔巴奇在塔拉瓦把它们打碎了,他也不可能再回到海里去了。"[28]

在卡洛林群岛(Caroline Islands)中的雅普岛(Yap)或称约普岛(Uap)

---

[28] Arthur Grimble, "Myths from the Gilbert Islands," *Folk-lore*, xxxiv. (1923) pp. 372—374.

上,当地人说以前他们虽然有木薯和芋头,但是却没有火来烤。于是,人们就把这些木薯和芋头放在沙子地上,让太阳来烘烤。可是人们一直以来都遭受着病痛的困扰,于是他们就祈求天上的大神亚拉法斯(Yalafath)施予救助。刹那间,一个炽热的红色闪电从天空中劈下,击中,并点燃了一棵露兜树。在燃烧物的作用下,露兜树每片叶子的中脉和两边都冒出了许多规则的针刺来。雷神戴斯拉(Dessra)发现他自己已经被紧紧地困在树干上,就发出苦苦的哀求,希望有什么人能把他从这个倒霉的地方弄下来。有个叫戈瑞汀(Guaretin)的老太婆正在太阳下面晒芋头,听见了呼救,就来帮助这位不幸的神灵。他询问她正在干什么活,等她说明白了之后,这个神灵就让她去找一些黏土来。用这些黏土他捏了一口陶锅,令这位老妇人很是兴奋。他又让她去阿尔树(arr,波纳佩[Ponape]岛民称之为图普克树[tupuk])那里收集些树枝来,然后就把这些树枝放在自己的腋下,把火星悄悄地灌了进去。原始的雅普人就是这样学会摩擦取火和用黏土制锅的技艺的。[29]

另一位调查者从雅普岛上获知了同一个故事的另外一个版本,只是稍有不同。这个故事是这样的:

很久以前,雅普岛上既没有火,也没有锅具。那时在基塔姆(Gitam)附近曾有个名叫迪奈(Dinai)的奴隶村,现在已经不存在了。这个村里有个女人名叫戴尼曼(Deneman),她还有两个孩子。一天,她和孩子们刚刚从地里把芋头挖出来,就剥皮、切块,放在太阳下面晒干。这时,雷神突然落在了一棵露兜树上,他的样子像只大狗。他对这女人说:"帮我下来吧。"因为他怕被露兜树的刺扎着。可是这女人说:"不要,我害怕。""求求你了。"雷神说。于是她就过去把他弄下来了。他看见芋头就问:"这是什么?""我的食物。"女人回答。他就要来了两块,在自己的腋下放了一会儿,然后还给了女人。咦!它们已经被烤熟了,而且很美味。

---

[29]　F. W. Christian, *The Caroline Islands* (London, 1899), pp. 320 *sq*.

雷神说:"去找一根阿拉树(ǎr)的树枝。"女人找来一根给了他。他就剥下树皮,把树枝放在腋下,然后慢慢地抽出来。这时这木头就变得很干燥了。然后他就从中间劈开木头,用其中的一根在另一根上弄出了一个槽。于是,钻木就做好了。他就用一根木头在另一根的槽里钻动,点燃了火,然后烤熟了芋头。后来,女人和孩子们就回家睡觉去了。第二天早上,雷神又陪着他们到地里劳作。他对女人说:"找一些黏土来,确保里面不要掺小石子。"然后他就教这女人如何用黏土做陶锅。他又点了把大火烘烤陶器。还教会这个女人一种咒语(matsamato),可在买家付给高价时,使得陶锅坚固耐用;还有另外一个咒语,让讨价还价者买走锅不久后,就令其破裂。这之后,他拿来一些辣稞(lǎk)和麻耦(mǎl) * 来烹饪,都非常美味。后来,这个女人和孩子就又回到屋里睡觉去了。第三天,雷神就不见了,可是女人却把烹饪技术保存了下来,她晚上做饭,没人知道这个秘密。

然而,碰巧有个人看见了她那与众不同的食物,就问她怎么回事。其他的很多人也来问,可是女人什么也不说。于是,人们就日日夜夜地监视她。有天夜里,当他们看见火光一闪,就破墙而入。一个男人想要拿到火,可是把自己给烧着了,因为他并不知道火的威力。后来人们就带着柴火来,把火传给了各家各户;他们还要求这女人给他们做陶锅,还许诺会给她报酬。但是那些火他们却是白白拿走的。[30]

而根据另一个故事版本,是一颗响雷击中了雅普岛北部一个名叫尤葛塔姆(Ugatam)的奴隶村里的一棵大木槿,才给这里带来了火。一个女人向雷神祈求,给她一些火,在这里,女人的名字变成了德拉(Derra)。雷神答应了她,还教会她如何制作陶锅。等到火熄灭后,他又教给她用钻木

---

* 原著未说明这两种是什么作物。——译者

[30] W. Müller, *Yap* (Hamburg, 1917—1918), pp. 604—607 (*Ergebnisse der Südsee-Expedition*, 1908—1910, herausgegeben von Prof. Dr. G Thilenius, ii. *Ethnographie*, B. *Mikronesien*, Band 2, 2. Halband).

取火的方法再点燃火,也就是用一根木头的顶端在另一片木头的槽里摩擦。他还说,新房舍里的火种必须用这种方法才能点燃,因为只有木槿的木头才能有这种功效;而且,这种木头只能用贝壳刀或者贝壳斧子来切割,绝不能使用钢铁制品接触它们。[31]

十八世纪的一位西班牙传教士曾经记录了这个神话的简短版本,但很可能不太准确。根据这个版本,卡洛林群岛上的土著们认为"有一种名叫莫罗格罗格(Morogrog)的恶魔,用卑鄙邪恶的手段把火偷到了地上,因此遭到了天庭的追缉,而在那之前,大地上是并没有火的"[32]。

---

〔31〕 W. H. Furness, *The Island of Stone Money*, *Uap of the Carolines* (Philadelphia and London, 1910), p. 151.

〔32〕 J. A. Cantova, in *Lettres Édificantes et Curieuses*, Nouvelle Edition, xv. (Paris, 1781) p. 306.

第七章
印度尼西亚的火起源神话

西里伯斯岛(Celebes)*中部的托拉迪亚斯人(Toradyas)说,造物神先是用石头刻出男人和女人的身体,然后向他们吹出一股风,他们就有了呼吸和生命。他还给他们火,但是没有教他们怎么取火。因此,在那时,人们就非常小心地守护着火,以免它熄灭。可是有一天,尽管足够地注意了,火还是熄灭了,人们没法煮饭了,都不知所措。那时候,从天空到大地的路已经封闭,于是人们就决定派一个使者去找天神要一点火。最后,人们选择一只名叫谭泊雅(*tambooya*)的昆虫去执行这项使命。当它到了天空向神要火之后,神灵就说:"我们会给你火,但是你必须用手捂住眼睛,因为我们不想让你知道取火的方法。"虫子就照他们说的做了,但是神灵们并不知道,它在肩膀下面还各有一只眼睛。所以,当它抬起胳膊捂住头上的眼睛时,胳膊下面的眼睛就看见了神灵们取火的方法,他们用一把砍刀击打燧石,以产生火花,然后再点燃干木头。神灵们把火拿给虫子,而它就带着取火的秘密回到了大地上。用铁器和燧石取火的方法至今在托拉迪亚斯人中间仍很常见。在他们的山涧和溪流里都可以找到燧石。[1]

---

* 即今天的苏拉威西岛。——译者

[1] A. C. Kruijt, "De legenden der Poso-Alfoeren aangaande de eerste menschen," *Mededeelingen van wege het Nederlandsche Zendelinggenootschap*, xxxviii. (1894) pp. 340 *sq*. ; N. Adriani en Alb. C. Kruijt, *De Bare'e-sprekende Toradja's van Midden-Celebes* (Batavia, 1912—1914), ii. 186 *sq*. 根据荷兰语拼写方法,这种昆虫的名字是 *tamboeja*,在英语中同样的发音就是 *tambooya*,我并不知道这种虫子的学名。

西里伯斯中部的潘那(Pana)、玛玛撒(Mamasa)和巴若泊(Baroopoo)的托拉迪亚斯人还讲述了与这个故事略有不同的版本。在他们的故事中,向人类传授取火方法的虫子名叫达理(*dali*),似乎是一种牛蝇。人们派这种虫子去旁玛图阿(Pooangmatooa)要火。天神就要求虫子用脚捂住眼睛,不要看神取火的方法。这只虫子虽然听从了,但是却用其他的眼睛看见了神灵通过摩擦竹子来取火。牛蝇回到地面的时候,并没有带火,而是告诉了人们取火的秘密。蒙肯迪克(Mengkendek)的托拉迪亚斯人说,第一个人类名叫旁莫拉(Pong Moola),他派了一只鸟去天上要火。这种鸟在当地的名字是德纳鸟(*dena*),荷兰人称其为小偷米鸟(*rijstdiefje*),从下文中我们可以看出它的习性。作为对这项危险任务的回报,第一个人类许诺这种小鸟可以取田地里的青稻为食。然而,在潘格拉(Pangala),那里的托拉迪亚斯人说,是一个名叫马拉多德(Maradonde)的牧牛人在一个传说中的海岛上最早用竹子相互摩擦,才有了火。此外,在托拉迪亚斯人居住的所有地方,都有关于水火大战的神话传说。他们说,火被水打败,然后落荒而逃。它藏进一棵竹子里,藏进一块石头里。当第一个人类旁莫拉在寻找火的时候,竹子和石头就对他说:"带我们走吧。"人类就问道:"我该怎么做呢?"然后竹子就说要来摩擦它(竹子),石头说用块铁来打击它(石头),这样就有了火。[2]

在婆罗洲(Borneo)*,那里的海地押克人(Sea-Dyaks)讲到,在大洪水之后,除了一个女人,所有的人类都灭绝了,这个唯一的幸存者发现一只狗趴在一株葡匐植物的下面,并且感觉到这植物的根部是温的,心想从中可能取出火来。于是,她就找来这种植物的两块木条,相互摩擦,真的点

---

〔2〕　Alb. C. Kruyt, "De Toradja's van de Sa'dan—, Masoepoe—en Mamasa-Riviren," *Tijdschrift voor Indische Taal-, Land-en Volkenkunde*, lxiii. (1923) pp. 278 *sq*.

　*　即今天的加里曼丹岛。——译者

燃了火。这就是钻木取火的起源,也是大洪水后的第一颗火花。[3]

在婆罗洲北部的山区里,居住着毛律人(Muruts),在他们的传说中,大洪水唯一的幸存者是一对兄妹,他们成婚,并成为了一只狗的双亲。有一天,男孩儿带着狗出去打猎。他们发现了一条奇里安(kilian)的根。狗就带着这条根回到家里,把它放在太阳下面晒干。然后,它又告诉男孩,在根上面弄出一个孔,再把树枝插进去,在双手间用力摩擦。他这样做,火光就迸发出来,这就是火的起源。他们又找来一块奇里安根,把它送到其他的地方,这样传下去,全世界的人就都知道了用火的方法。

后来,他们对这种原始的取火方法感到厌倦了,男孩子就又带着狗去打猎。他们倚在一棵佩勒树(polur,像木棉树的植物)上。这只狗就朝着树叫。他们就把树砍倒,狗就让男孩拿出树荚里像棉花一样的东西(lulup)。这只狗又向竹子叫,他们又取了一片竹子。然后,狗又朝石头叫,他们就拿了一块石头。再之后,他们就晒干那种像棉花一样的东西,用它和一块石头在竹子上摩擦。就这样,毛律人掌握了更为现代的取火方法。[4]

婆罗洲北部的奇奥杜顺人(Kiau Dusuns)说,竹子在风中相互摩擦,着起了火。一只路过于此的狗看见了,就叼起一根燃烧的竹片,带回主人的房子里,不一会就着起了大火。火把屋子里的一些玉米棒子烧焦了,还把浸泡在水里的土豆煮熟了。于是,杜顺人不仅学会了点火的方法,也懂得了如何烹饪食物。[5]

在苏门答腊岛以西,有一个岛屿名叫尼阿斯岛(Nias),那里的当地人说,在很久以前有一种名叫白拉斯(Belas)的恶魔,据说在早先他们还是人类,和其他人的关系也很友善。而今,只有祭司才能看见白拉斯,在以

---

〔3〕 Rev. J. Perham, "Sea-Dyak Tradition of the Deluge and Consequent Events," *Journal of the Straits Branch of the Royal Asiatic Society*, No. 6 (December 1880), p. 289; H. Ling Roth, *The Natives of Sarawak and British North Borneo* (London, 1896), i. 301.

〔4〕 Owen Rutter, *The Pagans of North Borneo* (London, 1929), pp. 248 *sq.* 252 *sq.*

〔5〕 Owen Rutter, *The Pagans of North Borneo*, pp. 253.

前,所有人都是能见到他们的。起初,白拉斯和人类相互借火种,就像现在尼阿斯岛民们之间那样;然而,只有白拉斯是懂得如何取火的,他们并不和人类分享这个秘密。一天,一个人去找一位白拉斯主妇借火,恰巧她那里的火也灭掉了。为了不让这个人知道自己是怎么取火的,这位主妇就用一个斗篷把他盖起来。但是这个人说:"透过斗篷我还是能看见,扣个篮子上来。"然而他这样说,正是因为他知道从篮子的缝隙间可以看见。那个女人听从了他的要求,就开始点火了。这个人就达到了他的目的,看见了这个女人取火的方法,他还当着她的面嘲笑她愚蠢。愤怒的白拉斯就对人类说:"从此以后,你再也别想见到我们,再也别想找到我们。"[6]

在福尔摩沙(Formosa)*中部的群山中,有一支"野蛮"部落,名叫邹人(Tsuwo)**,他们说火是由其祖先在大洪水之后取得的。幸存者是因为逃到山顶上,才躲过一劫,但是等水退去之后,他们已经没有火了,因为在巨浪袭来前的匆忙逃命中,他们没时间带上其余的东西。他们饥寒交迫地维持了一段时间,突然有些人看见旁边的山顶上有火光,像星星一样闪烁。人们就说:"谁能去那里给我们捎点火来?"这时一只山羊就走来说:"我去拿火来。"说完它就跳进了水里,朝着那个像星星闪烁一般的火光、向那边的山游去。人们纷纷焦急地等待它的归来。过了一会儿,它真的游回来了,在黑暗中,只见它将一束燃烧的绳子绑在自己的犄角上。可是,随着它逐渐靠近岸边,火就把绳子烧得越来越短,山羊也越来越累,最后终于累得抬不起头,让水没过了火,将其熄灭了。人们就又派一只陶龙(taoron)***去执行这项任务,最后终于将火带回了陆地。人们对此非常高兴,都聚集到它周围,抚摸这只动物。因此,这种动物今天是如此的小,

---

〔6〕 L. N. H. A. Chatelin, "Godsdienst en Bijgeloof der Niassers," *Tijdschrift voor Indische Taal-, Landen Volkenkunde*, xxvi. (1880) p. 132; E. Modigliani, *Un Viaggio à Nias* (Milan, 1890), pp. 629 sq. 并见 H. Sundermann, *Die Insel Nias* (Barmen, 1905), p. 70.

 * 即中国台湾岛,"福尔摩沙"是西方人对该岛的早期旧称,在葡萄牙语中意为"美丽岛"。——译者
 ** 现被认定为台湾诸原住民之一。——译者
 *** 这里仅是译音,原著并没说明这是什么动物。——译者

皮肤如此光滑。[7]

安达曼(Andaman)岛民也讲述了他们祖先所经历的类似磨难:如何在大洪水使大地上——至少是整个安达曼群岛——所有的火都熄灭后,又令其死灰复燃。那时,一片汪洋中唯一矗立的,是一座马鞍形的山,造物主普鲁格(Puluga)就住在那里。开始,人们并不知道该怎么使火重现,他们一个朋友的鬼魂对这窘境感到同情,就化做一只翠鸟,飞向天空,看见了造物神正坐在一堆火的旁边。这只鸟就过去叼起一根火把,但或许是火太烫,也或许是因为木头太重,也可能两种因素都有,使得它不得不把火把丢掉,落在了造物主的身上。被灼痛刺激,同时也出于愤怒,大神将火把扔向小鸟,不仅没有击中,而更幸运地是,恰好落在了那群可怜的大洪水灾民中间,他们那时正为自己的处境悲伤不已呢。从此,大洪水之后的人类就又有了火。[8]

这个安达曼神话是由曼先生(Mr. E. H. Man)记录的,他自 1869 年至 1880 年一直生活在这个群岛上,和当地人相处得很亲近。布朗教授(Professor A. R. Brown)也记录了这个神话,仅仅是有细小的差别,他在 1906 年到 1908 年间住在安达曼群岛上,这个神话是他从阿普泰可瓦(A-Pucikwar)部落获悉的。故事如下:

当祖先们居住在沃塔艾米(Wota-emi)的时候,比力克(Bilik,相当于曼先生版本中的普鲁格)则居住在海峡对岸的托罗寇提玛(Tol-l'oko-tima)。那时候祖先没有火,比力克则可以从一种名叫普拉特(*perat*)的树

---

[7] 为这个邹族的故事,我应当感谢石井真二先生(Mr. Shinji Ishii),这位来自日本的先生曾为研究福尔摩沙的原住民而在当地生活了好几年。我在《旧约中的民俗》(*Folk-lore in the Old Testament*)中曾经讲述过这个故事,见:*Folk-lore in the Old Testament*, i. 230 *sq*。

[8] E. H. Man, *On the Aboriginal Inhabitants of the Andaman Islands* (London, N. D.), pp. 98 *sq*. 翠鸟在当地的名称是鲁拉图特(*luratut*)。参见 *Census of India*, 1901, vol. iii. *The Andaman and Nicobar Islands*, by Sir Richard C. Temple (Calcutta, 1903), p. 63。南安达曼群岛部落中用五种语言讲述的火起源神话已经出版了,是由波特曼先生(Mr. M. V. Portman)翻译的。参见 M. V. Portman, "The Andaman Fire-legend," *The Indian Antiquary*, xxvi. (1897) pp. 14—18。

上取木材,劈开取火。当比力克睡觉时,翠鸟(*luratut*)就来到托罗寇提玛,偷了一些火。比力克醒来,看见了翠鸟。翠鸟攻击他的后脖梁,还用火烧他。翠鸟将火带给了沃塔艾米的人们。比力克对此很生气,远走他乡住到天空中去了。"这个故事中的翠鸟(蓝耳翠鸟?)在脖子上有一片亮红色的羽毛,据说是被比力克扔出的火把击中烫伤所造成的。"[9]

在有些安达曼神话中,鸽子和翠鸟存在联系,或是作为它的替代,成为把火带给人类的小鸟。故事的大意可以这样说:"大虾公(Sir Prawn)最先制造并拥有了火。一些树藤的叶子因为炎热的天气而被烤干,着起了火。大虾用一些干柴点燃火后,就去睡觉了。翠鸟偷到火,带着它飞走了。它生起火,烤了一些鱼,等填饱肚子之后,它就去睡觉了。鸽子又从翠鸟那里偷到火,飞走了。这意味着是鸽子将火带给了安达曼人的祖先。"[10]

在安达曼人的另一个神话中,翠鸟和鸽子都是主人公。故事如下:

祖先没有火,比力卡(Bilika,相当于普鲁格)则有火。一天夜里,翠鸟(*lirtit*)趁比力卡[11]睡觉时把火偷来。比力卡醒来看见了它偷走了自己的火。她就向翠鸟发射了一枚贝壳,划断了它的翅膀和尾巴。翠鸟潜入水里,带着火游向拜特拉库都(Bet-'ra-kudu),将火给了泰皮(Tepe),泰皮又将火给了铜翅飞鸽(*mite*),它又将火给了其他所有人。[12]

在这个神话的另一个版本中,是鸽子自己把火带给人类的,翠鸟根本没有出现,这个故事是这样的:

比力库(Biliku)有一颗红石头和一枚珍珠贝壳。她把这两样东西相互撞击,就产生了火。她还收集些干柴,燃起火堆,然后就去睡觉了。铜翅飞鸽来把火偷走,然后给自己点了一堆火。它还把火分给村里的所有

〔9〕 A. R. Brown, *The Andaman Islanders* (Cambridge, 1922), pp. 203 *sq.*

〔10〕 A. R. Brown, *The Andaman Islanders*, pp. 189 *sq.*

〔11〕 在布朗教授所记录的神话中,神灵比力卡或比力库是女性;而在曼先生所记录的神话中,相应的角色,即普鲁格,则是男性。

〔12〕 A. R. Brown, *The Andaman Islanders*, pp. 202 *sq.*

人，此后火便传遍了各地，每个村子都有自己的火种了。[13]

波特曼先生（Mr. M. V. Portman）也记录了一个简短的版本，其中同样只有鸽子这一个盗火贼。这个故事是这样的：

"鸽子先生趁神灵睡觉的时候从库若通米卡（Kúro-t'ón-míka）偷到了一根火把。它将火把给了里奇（Léch），他又在卡拉特塔塔科艾米（Karát-tátak-émi）生起了好几堆火。"[14]

在另一个安达曼神话中，据说是翠鸟（tiritmo）最先用一块石头击打皮锐树（pirt）的枯木，从而制造了火。拥有了火之后，翠鸟就分给了苍鹭一些，苍鹭又把火给了另一种名叫图特莫（totemo）的翠鸟，这种翠鸟最后把火传给了所有的人。[15]

还有一种安达曼神话是将火的起源和某些色彩斑斓的鱼联系在一起。据说很久以前人们没有火，迪姆多瑞（Dim-dori，一种鱼的名字）去亡灵之地取来了火。等他回来之后，就向人们投掷这些火，烧他们，还在他们的身上留下烙印。这些人就都逃进了海里，变成了鱼。迪姆多瑞追上去，继续用弓箭向他们射击，可是他自己也变成了鱼，这种鱼就以他的名字来命名了。[16]

---

[13]　A. R. Brown, *The Andaman Islanders*, pp. 201.

[14]　M. V. Portman, "The Andaman Fire-legend," *The Indian Antiquary*, xxvi. (1897) p. 14.

[15]　A. R. Brown, *The Andaman Islanders*, pp. 201 *sq*.

[16]　A. R. Brown, *The Andaman Islanders*, pp. 204. 这个故事是布朗教授从阿卡拜尔（Akar-Bale）部落获得的。

第八章
亚洲的火起源神话

在马来半岛的密林中,居住着塞芒族(Semang)矮黑人,其中有一支名叫蒙瑞(Menri)的部落,他们说自己是最早从啄木鸟那里获得火种的。这个故事是这样的:

当蒙瑞人和马来人接触时,发现了一只红色的花朵(*gantogn*:马来语为 *gantang*)。他们围着它坐成一圈,揣着双臂取暖。然后马来人就用喇朗草(*lalang*)点了一把大火。蒙瑞人从没有见过火,在大火烧进森林之前,他们就逃跑了。一只雄鹿见到大火,就拾起一根火把带回家里。当它去自己的作物那里干活时,就把火放到茅舍的高处,以防被偷走。啄木鸟看见了火,就把它偷走交给了蒙瑞人,告诉他们这是火,并且提醒他们要注意警戒,因为雄鹿正在追踪它;啄木鸟对蒙瑞人说,如果雄鹿真的来找它丢失的宝物,就用两根忒拉斯(*těras*)矛刺它。雄鹿果真来寻找火了,于是,两个人就各持一支矛,向这动物的头部刺去。那时雄鹿是没有犄角的,可这时因为头顶受了伤,它就转身急忙逃进了森林里,从此之后雄鹿便没有了火,却多了一对犄角。啄木鸟要求蒙瑞人发誓不会杀它,因为它给他们带来了温暖和熟食。从此之后,杀害啄木鸟就成了禁忌。[1]

---

〔1〕 Paul Schebesta, *Among the Forest Dwarfs of Malaya* (London, N. D.), pp. 274 *sq.*; compare id., "Religiöse Anschauungen der Semang," *Archiv für Religionswissenchaft*, xxv. (1927) p. 16.

在另外一个塞芒神话中,火的发现者或者说是偷窃者,不是啄木鸟,而是椰猴(*běrok*)。其中一个版本说,大神凯雷(Karei)住在天上,能制造雷电,椰猴从他那里偷到一根火把,它用这根火把点燃了萨瓦那草。大火瞬间就燃烧了起来,人们纷纷逃跑。有些人逃进山里、丛林里,但是他们没有逃得足够快,被大火烧到了头发。这些人就是马来半岛矮黑人部族的祖先,他们被统称为森林人(Orang-Utan)*,头发都是卷曲的,这就是在逃命时被大火烧到才形成的。[2]

在塞芒神话的另一个版本中,椰猴获得火的方式变得体面了一些,并不是偷得的。据说,当它的妻子正在饱受分娩之痛的折磨时,这只椰猴就想要给它找一颗椰子;于是它就拿来椰子把它劈开,而就在此时,火就从椰壳里冒了出来。椰猴后来又点起一场大火,造成了塞芒人卷曲的头发。[3]

还有一个塞芒神话,说火是由一位名叫切潘皮斯(Chepampes)的英雄发现的,那时他正在为制作锯子而砍伐藤条。[4]

暹罗的泰族,或称傣人**。他们有一个神话,讲述了大洪水灭绝了所有的人类,只有一对童男童女靠一个葫芦而幸免于难。他俩的后代成为了世界上所有人的祖先,故事也是从这里开始的。在大洪水退去后,这第一对男女有了孩子,是七个兄弟,他们那时并没有火。于是他们就决定派其中的一个人到天上取火。天神给了他们这位使者一些火,但是当他走到天庭大门时,火炬就熄灭了。他就返回天庭的门口,再次点燃火炬,可是第二次又熄灭了。他第三次点燃火把,然后走到半路,火再次熄灭。这位使者就回到地面上,向他的兄弟们讲述自己失败的遭遇。他们商量了

---

* 这个词在马来语中的原意是猩猩。——译者

[2] P. Schebesta, *Among the Forest Dwarfs of Malaya*, p. 89. 关于塞芒的这位大神,雷神凯雷,可参见 pp. 47, 88, 163 *sq.*, 184 *sqq.*, 198 *sq.*, 276, 280。

[3] P. Schebesta, *Among the Forest Dwarfs of Malaya*, pp. 216 *sq.*

[4] P. Schebesta, *Among the Forest Dwarfs of Malaya*, pp. 239 *sq.*

** 即今天泰国的主体民族泰族,其在我国的分支称为傣族。——译者

一下,决定派一只蟒蛇和一只猫头鹰替他们去取火。可是在途经的第一
个村子里,这只猫头鹰就停住开始抓老鼠了,而蟒蛇则去沼泽里游荡,捕
捉树蛙,它们俩都不再为自己的任务操心了。七兄弟又商量了一次,决定
派一只牛蝇去。这只牛蝇虽然乐意接受这个取火的使命,但是出发前却
提出了一个条件。它说:"为了补偿我,你们得允许我以牛血为食,让我在
水牛的大腿和各种牛的小腿上吸吮。"七兄弟只好答应这个约定。这只牛
蝇果真去了天庭,天神就问道:"你的眼睛在哪里? 你的耳朵在哪里?"这
是因为,泰族人认为牛蝇的眼睛并不在头上,而是在翅膀的根部,而天神
似乎并不知道它的这种特征。牛蝇回答说:"我的眼睛在和别人一样的位
置,我的耳朵也在和别人一样的位置。"天神继续问道:"那么,你掩住哪
里才能使自己看不见呢?"这个狡猾的牛蝇就说:"用水缸扣住我是没有
用的,我还是能透过缸壁看见,就仿佛它是透明的一样;但是如果用一个
有缝隙的篮子扣住我,我就什么都看不见了。"天神信以为真,就用一个有
缝隙的篮子把它扣住,然后开始像往常那样造火。牛蝇在篮子里面认真
地观察了整个过程。尽管它得到了一根火把,却在路上将其熄灭了,它已
经不需要这东西了,因为它已经掌握了取火的神圣秘密。

　　它回来后,七兄弟就急切地想知道结果:"火在哪儿呢? 火在哪儿
呢?""听好了,"牛蝇说,"找一片像獐子腿那么宽、虾须那么薄的木条;在
上面弄一个凹槽,里面放上一条绳子,周围堆起绒线,像一个小猪的窝那
样。这时就可以用两手迅速地前后拉绳,直到冒出烟来。"兄弟们照着牛
蝇说的办,不一会儿就冒出了烟,他们便可以烹煮食物了。人类从此就这
样取火,牛蝇从此就以水牛大腿上和其他各种牛小腿上的血液为食。[5]

　　在这个故事中,牛蝇从篮子缝隙偷窥的伎俩与尼阿斯神话中相应主
人公的方法是一样的。[6]

　　缅甸的克钦人(Kachins)说在以前人类是没有火的,他们茹毛饮血、

〔5〕 A. Bourlet, "Les Thay," *Anthropos*, ii. (1907) pp. 921—924.

〔6〕 See above, p. 96.

饥寒交迫。但是在伊洛瓦底江(Irrawaddy)对岸却居住着一个神灵(nat),名叫翁拉瓦玛卡姆(Wun Lawa Makam),他拥有火,能够燃起各种树木,无论是活的还是枯的。人们惊呼:"那正是我们需要的东西。"于是,他们就派昆森昆索玛卡姆(Kumthan Kumthoi Makam)去找翁拉瓦玛卡姆借火。这个使者就乘着木筏过江,见到了翁拉瓦玛卡姆,就对他说:"伟大的神啊,我们很冷,吃着生食,非常瘦弱。给我们一些你的火吧。"可是神回答:"你们人类是不能拥有火灵(Fire-spirit)的,它会给你们造成太多的灾难。"这位使者就祈求他:"可怜可怜我们吧,伟大的神,我们生活得太苦了。"于是神灵就说:"我不能给你们火灵,但是我可以告诉你们怎么取火。让一个叫图(Tu)的男人和一位叫苏(Thu)的女人用两根竹片相摩擦,就会产生火。"使者高兴地回到派遣他的人们那里。听到消息后,人们立即就找来名叫图的男人和名叫苏的女人,然后这两人就摩擦两根竹片。不一会儿,火就从竹子中冒了出来,从此人们便能够取暖和烹饪了。[7]

还有一个中国的故事,说"有一位行走于日月之间的圣人,看见了一棵树,树上有只鸟正在啄木,然后就产生了火。这位圣人受到启发,就折下一根树枝,用此造出了火,此后这位伟大的人物就被称为燧人"。现在我们知道,在汉语中,燧指的是一种取火工具,而木燧则是一种钻木取火的器具。第一个取得可为人类支配的火种的那个人,就被称为燧人氏。[8] 因此可以说,中国人将钻木取火方法的发现归功于一位智者,他观察到鸟啄树木时会产生火花来。

在西伯利亚南部,一个鞑靼部落有一则讲述火是如何被发现的传说。他们说,当造物神库戴(Kudai)造人的时候,就心想:"人类体肤无毛,在严寒中如何生存呢?他们必须得找到火。"一个名叫尤贡(Ulgon)的人带

---

[7] Ch. Gilhodes, "Mythologie et Religion des Katchins (Birmanie)," *Anthropos*, iii. (1908) pp. 689 *sq.*

[8] (Sir) Edward B. Tylor, *Researches into the Early History of Mankind*[3] (London, 1878), p. 254.

着他的三个女儿生活。他们既没有火,也不知道如何取火。这时库戴就来了,他的胡须很长,竟被自己踩到以致绊倒。尤贡的三个女儿就嘲笑他,这使得他愤愤地走开了。但是这三个女儿还藏在路边,想听听这位神会说什么。他说:"尤贡的仨女儿竟然取笑我,他们别想发现石之锋利与铁之坚硬中的奥秘。"听到这个,尤贡的三个女儿就找来坚硬的铁和锋利的石头,相互撞击,便发现了火。[9]

西伯利亚北部的雅库特人(Yakuts)说:"火是这样被发现的:一个炎热的夏日里,一位在山里游荡的老人坐下来休息,闲来无事,就用两块石头互相碰撞。在撞击中,产生了火花,点燃了干草和旁边的枯枝。火势不断扩大,人们从四面八方跑来看这个新鲜玩意。后来,随着大火越来越猛,人们就感到了恐惧和害怕;所幸一场大雨降下,熄灭了这场大火。从此之后,雅库特人不仅学会了点火,也学会了灭火。"[10]

西伯利亚南部的布里亚特人(Buriats)有一种非常与众不同的火起源传说。他们说以前人类并没有火,过着饥寒交迫的生活。一只燕子可怜他们,就从长生天腾格里(Tengri)那里偷来了火。腾格里很生气,就用弓箭射这只鸟。箭并没有射中它的身体,而是从尾巴上划过,这就是今天燕子那剪刀状尾巴的来历。因为燕子给人们带来了火,他们对此很高兴,从此就再也不伤害燕子。也是由于同样的原因,当看见有燕子在自己家屋檐筑巢的时候,人们会觉得这是件值得开心的事。[11]

塞姆人(Semas)是阿萨姆*那加族(Naga)的一支部落,他们说人们在最初并不知道什么是火,那时人们披着长长的毛发,像猿猴一样御寒。亨顿先生(Mr. J. H. Hutton)对这个部落进行了翔实而充分的记录,但是其

---

[9] W. Radloff, *Proben der Volkslitteratur der türkischen Stämme Süd-Sibiriens*, i. (St. Petersburg, 1866) pp. 285 *sq.*

[10] C. Fillingham Coxwell, *Siberian and other Folk-tales* (London, N. D.), p. 285, 参见 *The Living Past*, 1891, p. 70(这是一本俄国地理学会的刊物)。

[11] Garma Sandschjew, "Weltanschauung und Schamanismus der Alaren-Burjaten," *Anthropos*, xxiii. (1928) p. 970.

＊ 印度北部的一个邦。——译者

中并没有任何关于塞姆人如何发现火的记载。然而,与他们临近的昌部落(Changs)则知道很多这方面的故事。他们说,火是由两个女人发现的,她们偶然看见一只老虎抽动爪子下面的皮带,就产生了火,这只好心的老虎给人们带来了火,从此人们就靠这种火生活了。[12] 而塞姆人也是用这种从老虎那里学来的方法取火的,他们用一根软竹条在一个分叉的木棍下面前后抽拉,叉子下面的软木逐渐开始闷燃,再吹一吹,就着起了火。[13] 但是另一个那加部落说,女人所窥见的是一只造火的猿猴,而非老虎。[14]

奥欧人(Aos)的神话也和这后一个版本相符,他们是另一个那加部落,与塞姆人在北部相毗邻。他们说,很久以前,水与火打了起来。火敌不过水,就逃走藏进了竹子和石头里,而至今仍旧躲在那里。在传教士来到这里之前很久,就有老人说过,水与火未来还会再次大战,那时火会倾其全力,巨火(Great Fire)便会横扫布拉马普特拉河*沿岸,烧光地上所有的东西。然而最终水还是会赢,因为在大火之后,一场大洪水会将世界永远淹没。言归正传,火从水那里逃跑的时候,被蚱蜢看见了。蚱蜢用它那双大眼睛看见了一切,看见了火藏进石头和竹子里。那个时候,人和猴子一样都长满毛发。蚱蜢把火的藏身之处告诉了猴子,猴子便用一根竹条取出了火。然而,人类发现了这个秘密,就从猴子那里把火偷来了。所以今天猴子就没有火可以用,只能靠毛发取暖。而人类则不再需要体毛,因为有火的温暖作为替代。正是因为火藏身于竹子和石头里,奥欧人至今就还用竹条、石头和铁器来取火。这种取火竹条在那加族中是很常见的:在一根被劈开的木棒分叉处嵌入一颗石子,把一些由木屑和棉毛组成的助燃物放在地上,再用脚把那根分叉的木头踩住。取火者这时就可以把

---

[12] J. H. Hutton, *The Sema Nagas* (London, 1921), p. 43.

[13] J. H. Hutton, *The Sema Nagas*, p. 42.

[14] J. H. Hutton, *The Sema Nagas*, p. 43 note[1].

　* 该河在中国西藏的部分即雅鲁藏布江。——译者

竹条插进叉子的下面,然后用一只手迅速地前后抽拉它。大约半分钟,引燃物就会着起火来。[15]

在上文关于奥欧人的部分中所提到的水火大战,在其他神话中也存在,如我们已经谈到的昂通爪哇与吉尔伯特群岛上的土著,以及西里伯斯岛上的托拉迪亚斯人,就都曾讲述过类似的传说[16]。在后文中的马达加斯加岛萨卡拉瓦人(Sakalava)和齐米赫蒂人(Tsimihety)的神话里,我们还会看到另一个相类似的故事。[17]

在俾路支*,那里的洛里斯人(Loris)在种姓等级上被称为黑铁匠,他们对火怀有很高的敬意,把它看做是神给大卫(David)的礼物。当大卫祈求铸铁的秘诀时,神就从炼狱中把火造了出来。[18]

在锡兰**,"流传着关于黑蓝燕尾鹟(*Kawudu panikka*)及其死敌乌鸦的传说,而正是这种鹟将火带到了人间,就如同古时候的普罗米修斯一样。乌鸦忌妒它所获得的美誉,就在水中醮湿自己的翅膀,将水滴抖落在火上,将其熄灭。从此这两种鸟就变得势不两立"[19]。

---

[15] J. P. Mills, *The Ao Nagas* (London, 1926), pp. 100—101.

[16] Above, pp. 53 *sq.*, 88 *sqq.*, 94.

[17] See below, pp. 108 *sqq.*

 * 今巴基斯坦境内。——译者

[18] Denys Bray, *Ethnograghic Survey of Baluchistan* (Bombay, 1913), i. 139.

 ** 今斯里兰卡。——译者

[19] "The Folklore of Ceylon Birds," *Nature*, xxxvi. (1887) p. 381.

第九章
马达加斯加的火起源神话

阿纳拉拉瓦(Analalava)是马达加斯加西北部的一个省,那里居住着萨卡拉瓦人和齐米赫蒂人,他们对火如何藏进木头和石头里,又如何能通过木头的摩擦和石头的碰撞而将火取出来,都有着明确的解释。

他们说,很久以前火是遍地都有的,因为太阳派它们来保卫大地,可以说,它们就是太阳的士兵。地上没有一样东西能与它们匹敌,这使得它们对自己的力量相当骄傲,也变得十分暴虐。

而在大地之上,雷电是最高的统治者。在夏季的每个午后,它都用云的撞击来制造雷鸣。火总是被这种从天而降的巨大响声而震动。"这是什么呢?"它们问道,"能够造出如此巨大的响声,它一定是很强壮很有力。让我们派一个使者向它宣战吧。"

于是一位使者就到了雷电那里,骄傲的雷电非常生气,就说:"我从未招惹过谁,也没有伤害过谁,我制造雷鸣闪电,只是为了自己的娱乐。但是,既然你来到天上,来到我的这块地盘挑战,那我就接受你的挑战。我们会酣战一场,这将是非常恐怖的大战。"

较量的时间和地点都选好了,在一座高山的台地上。在开战的那天,火集合在一起,向天空中猛烈攻击,黑烟滚滚,嘶喊成一片。雷电也尽可能地鼓足士气,尽管还是大白天,它的闪电已经亮得刺眼,夹杂着各种颜色,有蓝色、红色、绿色、紫色……彩虹里所有的颜色都有,它还制造出震耳欲聋的雷鸣。雷电击中了火三次,都将它们打散,却不能熄灭它们。相反,它们似乎能在每次交火中重获力量,像重生的巨人一样迅速投入反击。最后,这对死敌都精疲力竭,就约定休战,暂时各自去疗伤休养了。

几天之后,战事再起,依旧激烈。火遭遇了很大的牺牲,而雷电也受到重创,但是仍然不能决出胜负。

雷电此时已然非常恼怒了,怎么才能战胜这群敌人呢？这时它想起了自己的朋友乌云。它就把乌云都召集起来,发表了一段长长的演讲,恳求它们来助阵。乌云同意了。这回就轮到雷电向火宣战了,它仍然指定上次大战的那个高台为战场。

那一天到来了,只见乌云从四面八方聚拢过来,雷电则躲在它们的后面,不断发出低沉的隆隆声。开始的时候,因为从没见过以这般攻势大军压境的乌云,火有些畏惧了,但是它们毕竟是勇敢的,就振作起来,无畏地上前大举进攻。它们形成密集的阵形,其中最勇敢的就攀上战友的肩膀,想要抓住天上的敌人。然而,雷电则显得更加智勇双全,它以乌云的屏障为掩护,在其后面发射闪电,而不将自己暴露给敌人。这时,当乌云全都聚集到火头顶正上方的天空时,它们就将所携带的所有水都倾泻而出,浇在了敌人的头上。

此时对火来说,再不逃跑就只有死路一条了。它们的王最先溃逃,其余的部队自然就跟着首领。指挥官们在大山的深处寻找到了避难所,从此它们就一直待在了那里。当然,有时候它们也会在山顶上开一些洞,从这些缝隙中冒出来,这就是火山的起源。而那些普通士兵则藏到了各种各样的东西里,比如木头、铁和硬石中。因此,今天的人们将干柴相互摩擦就会取出火来;同样,将燧石与铁相互撞击,就会迸出火花来。萨卡拉瓦人和齐米赫蒂人说,人们所使用的火就是这么起源的。[1]

---

〔1〕 A. Dandouau, *Contes populaires des Sakalava et des Tsimihety* (Alger, 1922), pp. 110—112. 萨卡拉瓦人是用钻木的方法取火的,这需要两株肖梵天花木:钻木或上面的部分被称为男的,下面的部分或说底板,则被称为女的。参见 A. Dandouau, *op. cit.* p. 136 note[1]。

第十章
非洲的火起源神话

在现在更常被称为西南非洲的这块土地上,居住着伯格达马人,或称博格达马拉人(Bergdama or Bergdamara)。他们说,曾经有一段时间,大地上非常寒冷,人们那时还没有火。有个男人就对妻子说:"今晚我打算过河去,到狮子的村子里拿一根火把来。"他的妻子劝他不要冒险,可是他还是去了,跨过河水,进到狮子的茅舍里。这时,雄狮、母狮和小狮子正围着一堆篝火而坐,这些小狮子正在嚼着人类的骨头。

这个客人被礼貌地带到大门的对面、火堆的后面。他本想坐在门口的位置,这样就可以令对方措手不及地将火把抢过来。于是,当与狮子交谈时,他就一点一点地往门那边挪,同时,还时不时地用眼睛向火光那里扫去,心里看好了一根不错的火把。突然间他就跳了起来,一只手把小狮子扔进火里,另一只手抓起一根火把,就冲出了房子。

雄狮与母狮也跳起来追他。但是在它们大呼捉拿强盗之前,得先救自己的孩子们。这个贼旗开得胜,等狮子们到了河岸时,他早已经回到了对岸。狮子们不敢跳进水里,就放弃了追捕。这个抢火的人带着火把回到家里,就找来各种木柴,当他点燃火堆时,就说:"尔等火从今要永远留在所有的树木里。"从这个夜晚开始,人类便拥有了属于他们自己的火。今天,伯格达马人更习惯用火柴点火,但是在特殊情况需要时,他们还是会摩擦取火,并且将用来钻木取火的坚硬锥木称为男的,把较软的平板木头称为女的。[1]

西南非洲还居住着宋加人（Thonga），分布在德拉瓜湾（Delagoa Bay）*一带，他们说人类的第一位男性祖先名叫里拉拉胡巴（Lilalahumba），这个名字的意思是"将炽灰放进贝壳里的人"[2]。荷灵威（Hlengwe）部落的一个故事解释了这个名字的涵义。他们讲，据说第一个国王忒绍科（Tshauke）让索诺（Sono）部落的一个酋长的女儿做自己的妻子。那时，索诺人已经掌握了做熟食的方法，而荷灵威人还不会，这是因为他们不知火为何物，所以只能喝生的稀粥。后来，国王忒绍科的儿子从索诺人那里偷了一点燃烧的炉灰，放进一个大贝壳里，带回了家。索诺人很生气，就向荷灵威宣战；可是荷灵威人因为已经吃到了熟食，就变得强壮了，取得了胜利。忒绍科之子从此就被称为"舒基沙胡巴"（Shioki-sha-humba），即"用贝壳带来火的人"[3]。从这里我们可以推测出，在这些民族看来，人类的第一位始祖都是将火放进贝壳里而带来，或者说是偷来的，但是至于是从谁那里偷来或借来的，则并不能十分确定。

在北罗德西亚（Northern Rhodesia）**，那里的拜拉人（Ba-ila）有一个关于瓦工黄蜂将火从神灵那里取来的故事。故事说很久以前，秃鹫、鱼鹰

---

[1] H. Vedder, *Die Bergdama* (Hamburg, 1923), i. 20—22.

　* 即今天的马普托湾，位于莫桑比克境内。——译者

[2] Henri A. Junod, *The Life of a South Afrian Tribe*, Second Edition (London, 1927) 宋加人用钻木的方法取火，所使用的是一种名叫布罗罗（*bulolo*）的树木，这是一种木槿。操作的步骤是这样的："首先需要一根这种树上的干树枝，大约有半英寸到一英寸那么厚，把它切成两片，每部分大约十八英寸长；其中一根被称为妻子（*nsati*），另一半是丈夫（*nuna*）。把女性的那一片放在地上，用小刀在上面刻出一个凹槽，这个凹槽需要刻两下，第一下在木头的上端，然后再在它的边上刻一下。然后把男性那根的轮廓削成圆形的，垂直地插进凹槽里，双手手掌紧紧握住它，使其迅速转动，这时手应在其顶端与底部之间移动。取火者的手刚到男性木头的底部就迅速向其顶端挪去，这样一来摩擦就不会间断。这种方法使得女性木头的凹槽都变宽了，男性木头嵌入其中，开始燃烧。烟会从第二次刻的那个槽里冒出来；之前已经在这里放了一些干草，不一会儿它们就闷燃了起来。在使用布罗罗木取火时，行家一般能在六到七次连续的摩擦后点燃火苗。"（Henri A. Junod, *op. cit.* ii. 34 *sq.* ）

[3] Henri A. Junod, *op. cit.* i. 24.

　** 赞比亚一带的旧称。——译者

和乌鸦都没有火,因为那时大地上根本就没有火。* 于是,为了找到火,所有的鸟类就聚集起来商量,"从哪里能找到火呢?"有些鸟就说:"也许神灵那里有火。"这时,黄蜂就自告奋勇地说:"谁和我去找神灵?"秃鹫回答说:"我、鱼鹰和乌鸦和你一起去。"

第二天,它们就向所有的鸟告别,说:"我们去神灵那里看看有没有火。"然后它们就飞走了。十天之后,它们将一些小骨头放在了地上,那是秃鹫的遗体;不久之后,又有一些小骨头被放在了地上,那是死去的鱼鹰;黄蜂和乌鸦继续前进。又过去了大约十天,乌鸦也死了,它的小骨头也被放在了地上。现在只剩下黄蜂自己了。它继续飞行了十天,到了云彩之上,却没有触及天空的最高处。

不久之后,天神就听到了它的声音,来到它所在的位置,黄蜂对他的询问这样回答道:"大人,我并不是要去什么具体的地方,只是希望能求得一些火。我的同伴都没能撑过来,只有我一个人成功地来到了这里,因为我已下定决心要找到您。"这时,天神就对它说:"瓦工黄蜂,既然你已经找到了我,我就安排你当所有鸟类和爬虫的首领。现在我赐福于你。你不必自己生育,当你想要孩子时,就去谷堆里寻找一种名叫奴贡瓦(Ngongwa)的虫子,把它带到屋子里。等你进到屋子里,就寻找人类生火做饭的地方,在那里为你的孩子奴贡瓦搭一个窝。建好之后,就把它留在那里。过几天之后,你就可以去看看它,然后你就会发现,它已经发生了变化,相貌与你一样了。"于是,从此之后瓦工黄蜂就在生火的地方盖窝搭巢,就像神灵告诉它的那样。[4]

记录这个故事的作者这样解释它:"瓦工黄蜂是拜拉人的普罗米修斯,它有着蓝色的翅膀、黄色的腹部和黑黄相间的腿,这种生物在中非地

---

* 这个故事中的动物名字都使用了首字母大写的形式,可能意味着这是人、图腾或部落的名字,但原文没有说明。——译者

〔4〕 Edwin W. Smith and Andrew Murray Dale, *The Ila-speaking Peoples of Northern Rhodesia* (London, 1920), ii. 345 *sq*.

区很常见。就像故事中说的那样,它们不仅用泥巴在人们屋子中生火的地方筑巢,也在墙壁、书籍和图画上筑巢(这一习性很招人讨厌)。它们在巢里生卵,再储存一些毛虫、肉虫,然后就把卵封起来。接着再去筑另外一个巢,这样下去最后就会在墙上形成一个非常难看的大泥疙瘩。等到幼虫孵化出来,它们就以那些虫子为食,这些猎物被它们的父母蜇过,但是并没有死,只是瘫痪了。这个例子非常有趣,使得我们注意到土著人的观察在一定程度上是对的,但是他们最终的结论却是错误的,因为他们没有注意到全部的现象。他们以为黄蜂是由奴贡瓦虫变化而来的,这个故事就是对其原因的说明,还涉及了家火。"[5]

在刚果盆地的南部,有一个占地范围很大的部落或酋邦,即巴卢巴(Baluba)。他们使用钻木取火的方法,并传说当伟大神灵卡比兹亚·木旁古(Kabezya Mpungu)创造第一个人类克永巴(Kyomba)时,就把所有可食用植物的种子放进了他的头发里,还在他手里放上木头和火绒,然后教会他如何用这些东西取火做饭。[6]

巴库巴,或称为巴尚阿(Bakuba or Bushongo),是位于刚果河谷南部地区、桑古如河和开塞河(Sankuru and Kasai)之间的一个部落,或更确切地说,一个酋邦。他们有一个传说,是说在古时候,祖先虽能从闪电引起的大火中得到火种,但是却不能自己生火。然而,在由一位名叫木楚·玛山加(Muchu Mashanga)的国王统治的时期,有个人掌握了取火的技术,这人的名字是克里克里(Kerikeri)。据说,巴尚阿人的神灵邦巴(Bumba)在一天夜里托梦给克里克里,告诉他沿着某条路走,折下一种树的树枝,小心地看护它们。这个人照着办了,等到树枝变干之后,邦巴就再一次来到他的梦里,因他听从意见而赞许他,教会他如何用摩擦来取火。克里克里独享着这个秘密,等到村里碰巧所有的火都熄灭时,他就向邻居高价出售他自己的火。所有的人,不论是聪明的还是蠢的,都想查明这是怎么一回

[5] E. W. Smith and A. M. Dale, *op. cit.* ii 346 *sq.*

[6] Colle, *Les Baluba*, i. (Brussels, 1913) p. 102.

事,但都没有成功。那位国王木楚·玛山加有位美丽的女儿,名叫凯滕戈(Katenge),国王就对她说:"如果你能查清这个人的秘密,你就能得到荣耀,像一个男人那样与长老们平起平坐。"于是这位公主就去找克里克里,令他疯狂地爱上了自己。她这样计划,命令全村将火熄灭,然后派一个奴仆告诉克里克里,公主晚上会去他的房子与他会面。等所有人都睡着之后,公主就轻轻地来到了克里克里的住处,敲他的门。那天晚上月黑风高,克里克里打开门,她进来,坐下,却默不作声。"你怎么不说话呢?"这个痴情的男子问道,"你不爱我了吗?"公主答道:"我在你屋里冷得发抖,还谈什么爱情?快去找点火来,让我看得见你,让我的心重新温暖起来。"克里克里就去找邻居们借火,可是这些人都听从公主的命令,将火熄灭了,克里克里空手而归。没有办法,他就求她不要对自己不冷不热,但是公主坚持要先点上火。最后,这个男人终于让步了,他拿来柴火,当着她的面点起了火,公主认真地观察着整个过程。这时她大笑起来,说:"你真的以为我——国王的女儿——会无缘无故地爱上你吗?我是为了揭开你的秘密,既然你真的点起了火,你会得到一个女奴,帮你灭火。"然后她就起身离开,向全村的人公布这个发现,并对她的父亲说:"伟大国王办不成的事,我一个聪明的女子办到了!"这就是取火术的起源,也是凯滕戈这个职位的起源。在今天的最高议政群里,会有一位女性成员,和所有成员一样享有高位,其头衔就是凯滕戈。在和平时期,她将弓弦作为饰物戴在脖子上;而当国家有难时,她就摘下弓弦拿在手里,指挥军队,令他们勇往直前奋力杀敌。[7]

　　桑古如河和开塞河以北居住着巴松戈诺曼人(Basongo Meno),他们与巴尚阿人有着多年的往来,却讲述了一个不同的火起源神话。他们说,在最初的时候,人们用酒椰的枝条制作捕鱼的陷阱。有一天,当一个人制作陷阱的时候,想要在一根枝条的顶端钻一个洞,就找来一根小木签子。

---

[7]　E. Torday et T. A. Joyce, *Les Bushongo* (Brussels, 1910), pp. 236 *sq.*; E. Torday, *Camp and Tramp in African Wilds* (London, 1913), pp. 292—297.

在钻洞的时候,火就燃了起来,这种取火的方法就从此沿用下来。大量的酒椰林也被种植起来,用以制作柴火,同时也是纺织的原材料之一。[8]

波罗奇,或称班加拉(Boloki or Bangala),是上刚果地区的一个部落,他们的故事讲述了在古时去地上取火的失败经历。他们说,曾经有一段时间,所有的鸟类与走兽都生活在天上。有一天下起了大雨,天气很冷,鸟兽们都冻得发抖。这时,鸟们就对狗说:"到下面给我们找些火来取暖吧。"狗就从天上下到地上,但是看见地上有很多骨头,还有一些鱼,它就把给鸟类取火的事情忘在脑后了。鸟和野兽们等了很久,狗还不回来,它们就派了一只家禽去催促它取火的事情。可是,当这只禽鸟来到地上之后,看见这里有很多棕榈、花生和玉米,各种美味,它也不再惦记催促狗的事情了,也没有再想着为上面的同伴们寻找火。因此,有时候你在夜里会听见一种鸟这样啼叫:*Nsusu akende bombo*! *Nsusu akende bombo*! 意思是:"家禽变成了奴隶! 家禽变成了奴隶!"而苍鹭有时会在村边的树上这样叫:*Mbwa owa*! *Mbwa owa*! 意思是:"狗,死吧! 狗,死吧!"这些鸟之所以辱骂和斥责狗、家禽,是因为这两种动物把它们的同伴留在寒风中发抖,自己却享受着温暖和富足。[9]

在下刚果,有一支名叫巴刚果(Bakongo)的部落,那里的人说,火最早是由闪电带来的,它击中了一棵树,使其燃起了火。至于人造火,他们相信首先是通过摩擦木头的方式获得的,后来又发展出将燧石与铁相击而取火的方法。他们还有一个传说,相传古代大地还没火的时候,有个人就派出一只胡狼去太阳升起的地方为他取火,这只胡狼那时已被驯化,生活在村子里;但是这只胡狼在外面发现了很多好东西,就再没有回到那个人的家里。人们还说,在北方很远的地方,有很多部落对火可谓一无所知,以致茹毛饮血;但是却没有人亲眼见过这些部落的人,而只是在晚间围坐

---

〔8〕 E. Torday et T. A. Joyce, *Les Bushongo*, pp. 275 *sq.*

〔9〕 John H. Weeks, *Among Congo Cannibals* (London, 1913), p. 209.

于篝火旁的夜谈中听说过他们。[10]

在罗安格(Loango),当地人说,很久以前一只蜘蛛吐出了一根很长很长的丝,风将丝吹起,一直带到了天上。啄木鸟顺着蛛丝爬上去,啄破了天穹的拱顶,那些小洞就是我们现在所看见的星星。在啄木鸟之后,人类也顺着蛛丝爬到了天上,把火取了下来。但是也有人说,人类是在天空中那些曾落下过"燃烧泪珠"的地方找到的火。[11]

在尼日利亚南部与喀麦隆接壤的地方,居住着埃科伊人(Ekoi)。他们说,在创世之初,天神奥巴希·奥叟(Obassi Osaw)创造出了各种事物,却没有让居住在地上的人类拥有火。埃提姆尼(Etim'Ne)对小瘸子(Lame Boy)说:"奥巴希·奥叟把我们放在这,却不给我们火,这算什么事呢?去找他要点火来吧。"于是这个小瘸子就出发了。

奥巴希·奥叟看见这个来访的使者时,感到很气愤,就让这孩子赶紧回地面去,并对埃提姆尼的要求转达训斥之意。那时候,小瘸子还没有残疾,仍像其他人一样走路。当埃提尼姆知道自己惹得奥巴希·奥叟不高兴了之后,他就动身前往后者所居住的镇子,对他说:"请原谅我昨天的所作所为,那完全是意外。"可是奥巴希·奥叟并不想原谅他,尽管他在那里待了三天祈求原谅,最后还是悻悻而归。

等埃提尼姆回到自己的镇子,那个男孩就嘲笑他说:"你不是个酋长吗?怎么连火都要不来。我会去把火给你要来,要是他们不给,我就把它偷来。"当天这个男孩儿就出发了。他来到奥巴希·奥叟晚上所在的住处,看见人们正在准备食物。他上前帮忙,当奥巴希·奥叟吃饭的时候,他就卑微地跪在地上,等待用餐的结束。

这位大人物看见男孩子很有用,就没有赶他走。等他服侍了几天之后,奥巴希就把他叫来,对他说:"去我妻子们的房子里,让她们给我送一

---

[10]　John H. Weeks, "Notes on Some Customs of the Lower Congo People," *Folk-lore*, xx. (1909) pp. 475, 476; *id.*, *Among the Primitive Bakongo* (London, 1914), pp. 292 *sq.*

[11]　*Die Loango-Expedition*, iii. 2, von E. Pechuël-Loesche (Stuttgart, 1907), p. 135.

盏灯来。"这个男孩很高兴地服从了他的指示,因为火正是保存在他妻子们的房子里。他很守规矩,不乱碰东西,拿到了灯之后,就马上回来。他作为奴仆又在那里待了几天,奥巴希就又一次派他去取灯,这一次,其中的一个妻子说:"你在火堆那里把灯点燃吧。"说完这些,这位妻子就回自己的屋子里去了,留他自己一个人在那里。这个男孩儿就拿出一根火把,点燃了灯,又把火把放进芭蕉叶里,用自己的衣服裹好,就提着灯去他主人那里,对他说:"我有些事需要出去一下。"奥巴希回答说:"去吧。"这个男孩就跑到镇子外面的灌木丛里,那里放着一些干木柴。他把着火的木棍和这些干木柴放在一起,使劲地吹,直到木头都着起火来。他又用芭蕉树的叶和茎把烟盖住,然后就回去了。奥巴希问他:"你怎么去了这么久?"这个男孩回答说:"我感觉不舒服。"

夜里,等所有的人都睡着以后,这个小偷就带着他的衣服,爬到镇子外边藏火的地方。火仍然燃烧着,他就挑了一根很亮的火把,带着一些柴火,出发回家了。等他再次回到大地上,就对埃提姆尼说:"这是我说好给你带来的火,找一些木头来,我来给你示范怎么做。"

就这样,地上第一次有了火。奥巴希从天上的家中向下望去,看见有烟升起。他就对自己的儿子阿克潘·奥巴希(Akpan Obassi)说:"去问问那个男孩子,是不是他偷的火。"阿克潘就下去,到地面上,像他父亲指示的那样问他。这个孩子就承认了:"我就是那个偷火的人,我很害怕,所以才把它藏了起来。"阿克潘对他说:"我来给你捎一个口信,从今天开始,你不能再像往常那样正常自如地走路了。"这就是为什么小瘸子不能正常走路的原因。正是他从奥巴希天上的家里把火偷到了地面上。[12]

兰度(Lendu)是中非阿尔伯特湖(Lake Albert)西北部的一个部落,他们的神话说自己的祖先是从北方的平原迁移到现今所在的地区的,当他们来到这里的时候,发现此处被矮人们占据着,当面对这些入侵者的时

---

〔12〕 P. Amaury Talbot, *In the Shadow of the Bush* (London, 1912), pp. 370 *sq.*

候,这些矮人都逃走了。兰度人是从自己的老家把火带来的,可是这些矮人并不知道火,他们看到这些新来的移民能在明亮的火光前享受温暖,能吃熟的食物而不是生吞活剥,很是忌妒。一天夜里,矮人们偷了一些火,也在森林里给自己点起了火。他们后来又把火传给了瓦松格拉人(Wassongora [Ndjali]),这些人是从南方迁徙而来的,同样也对火一无所知。[13]

英属东非的基库尤人(Kikuyu)有一个火起源的神话。故事说,很久以前,有个人从邻居那里借来一支矛,想要杀掉破坏他庄稼的豪猪。他在田地里等着,最后终于刺中一只豪猪,但是这只动物仅仅是受伤了,尽管身上插着矛,但还是逃进了一个地洞里。这个男人就只好去找矛的主人,告诉他矛丢了,但是矛的主人非要他找回来。这个男人就找来一支新的矛,作为替代送给那个人;但他却被拒绝了,那个人坚持要回原来的那一支矛。于是,为了找到那支旧矛,这个男人就只好爬进豪猪的地洞,然后来到了一个地方,那里的所见所闻令他大吃一惊——很多人正坐在那里用火做饭。这些人问他来干什么,他就说自己迷路了。于是,这些人就请他坐下来一起用餐;但是这个男人很焦急,说自己必须带着矛回去,他看见这支矛就放在那里。这些人也没有执意挽留,就告诉他顺着木古姆树(mugumu)的根往上爬,这树根一直伸展到地洞里来,他们说这样走不一会儿就能到上面的世界了。此外,这些人还给他一些火,让他带回去。这个男人带着矛和火,按照指定的路线就爬出去了。据说,火就是这么来到人间的,在那之前人们吃的食物都是生的。这个男人回到他的朋友那里后,就把矛还给先前的主人,对他说:"为了给你找回矛,我真是吃了不少苦头;你想要这些火吗?你看它变成了烟就消失了,你得顺着烟爬上去,给我把它找回来。"这个矛的主人就试着顺着烟往上爬,但是根本不行。后来,长老们就来调解,对这个男人说:"我们这么办吧:火归大家共享,而

---

〔13〕 Franz Stuhlmann, *Mit Emin Pascha ins Herz von Afrika* (Berlin, 1894), pp. 464 *sq.*

因为是你把火找来的,就让你当酋长吧。"这个故事中的地下世界的名字为米瑞亚米孔戈伊(*Miri ya mikeongoi*)。[14]

在东非雄伟的乞力马扎罗山附近,居住着瓦恰戈人(Wachagga)。他们说,在古时,人类是没有火的,所以人们就只能像狒狒那样生吃食物,就连香蕉也是如此。有一天,男孩们像往常那样赶着小母牛去吃草,随身带着路上的食物。他们削箭头以此来取乐。其中一个孩子把他的箭垂直立在一根木头上,用双手搓转它,箭杆逐渐发热,他就把小伙伴们叫来问道:"谁来让我拿它碰一下?"那些小孩都过来,他就用箭杆变烫的那一头碰他们;这些孩子都尖叫着跑开了。后来,这个小孩就更用力地旋转箭杆,使它更热,然后去烫那些小朋友。但是这时这些孩子都来帮他,说:"我们来使它变得更烫吧。"他们就这样旋转它,这时,箭杆的那一端就冒出烟来,它下面的一些干草开始闷燃。小男孩们把更多的干草放进烟里,这时就冒出了大火苗。不一会儿,大火烧掉了草地,灌木丛也燃烧起来,还发出"呼—呼—呼—呼—呼"的声音,就像扫过大地的旋风一样。

附近的人们都跑来看,瞪大眼睛尖叫着:"这是谁向我们施的魔法呀?"他们找到这些小男孩儿,就朝他们喊:"你们从哪里找来的这种魔法?"人们很生气,孩子们都害怕了。这些孩子就找来木棍,向大人们演示如何旋转箭杆,然后又着起火来。老人们就喊道:"你们要干什么? 你们带来的东西把我们的草场和树木都吃光了!"

然而,当人们在灰烬中寻找食物的时候,才发现火是一种好东西。开始的时候,小男孩儿们说:"看,呼呼把我们的食物都毁了。"他们模仿火的声音把它称为呼呼。可是等他们饿了的时候,就咬了一口烤过的香蕉,发现这种水果吃起来比以前甜多了。于是他们就又点起火,用来烤香蕉,果然这些食物都变得比以前更甜了。这样,所有的人都来把呼呼(火)带回自己家,用来烧烤食物。

---

[14] C. W. Hobley, *Bantu Beliefs and Magic* (London, 1922), pp. 264 *sq.*

　　只要有外人造访,尝过他们的美味食品之后,就会问道:"你们是怎么把它做成这样的?"这时当地人就会把火展示给他看,这些外人就会回家取钱财来买火。要是有人遇到他,就会问:"你带着这些羊去干吗?"他就会说:"我去找呼呼魔法师要一些呼呼来。"就这样,很多人都来买火,火的使用就在所有地区流行起来。人们管相对较软的那块木头叫做奇旁戈罗(*kipongoro*),管那根旋转的木棍叫做欧威图(*ovito*)。他们总是在房舍的地上备制这两种木棍,这是因为,人们说,"当漫漫长夜降临时,就不能出门了,也就不能去邻居家取火了。"[15]

　　希陆克人(Shilluk)是生活在尼罗河中游(White Nile)地区的一个部族,他们说火是从伟大神灵(*pan jwok*)的领地上来的。曾有段时间,人们是不知道火为何物的。那时人们就在太阳底下晒食物,食物的上半部分是熟的,只有男人才能吃;女人吃食物的下半部分,这里还是生的。一天,一只狗从伟大神灵的领地上偷来了一块肉,这块肉是已经用火烤好的,它把肉带给了这里的人们。希陆克人尝过之后,发现这比生肉好吃多了。为了能得到火,人们就在狗的尾巴上系上干稻草,让它回到伟大神灵的领地上。到达那里之后,狗就像往常那样在炭灰上打滚,它尾巴上的稻草就被还未熄灭的灰烬引燃了。在灼痛的驱使下,狗奔回到希陆克人的地盘,在干草上打滚,想要减轻自己的痛苦。但是这些干草也跟着燃烧起来,希陆克人就从这场大火中得来了火种。从此之后,他们便一直使自己的炭灰保持着燃烧或闷燃,令这火能持续不灭。[16]

〔15〕　Bruno Gutmann, *Volksbuch der Wadschagga* (Leipzig, 1914), pp. 159 *sq*.

〔16〕　W. Hofmayr, *Die Schilluk* (St. Gabriel, Möding bei Wien, 1925), p. 366.

第十一章
南美洲的火起源神话

居住在巴拉圭查科地区（Paraguayan Chaco）的伦瓜族印第安人（Lengua Indians）有这么一个关于火在人间起源的故事。据说在以前没法取火的时代，人们只能吃生的食物。一天，一个印第安人去打猎，一早上都没有什么收获；到了中午，为了充饥，他就来到附近的一处沼泽地捉蜗牛。吃蜗牛的时候，他突然发现一只鸟叼着一只蜗牛从沼泽地飞了出来。这只鸟好像是把蜗牛存放在附近的某棵大树旁，然后就又回到沼泽地继续捉蜗牛，这样来回了很多次。这个印第安人还注意到，在这只鸟存放蜗牛的地方，有一股薄烟升起来。他对此感到很好奇，等到鸟再次飞走的时候，他就朝着那个有烟的地方走去。他看见那里堆放着很多木棍，一头挨着另一头，它们的顶端又红又烫。再走近一些，便看见一些蜗牛被放在木棍的旁边。因为很饿，他就尝了尝这些被烤熟的蜗牛，竟发现它们十分美味，就决定以后不再吃生的蜗牛了。

于是，他就捡起一些木棍，跑回自己的村子里，把这个发现告诉朋友们。他们立即从树林里收集来很多干树枝，使得这个宝贵的财富不至于消失，从此他们就管这东西叫做塔茨拉（tathla），也就是火。那天晚上，他们第一次用火烤肉和蔬菜吃，并逐渐发掘了这种东西的各种新用途。

而当那只鸟回到它存放蜗牛的地方，发现自己的火被偷了，就勃然大怒，想要找偷火的贼算账。当它发现自己不能再次取火时，就变得更加生气了。它冲上天空，搜索了一圈，惊讶地发现人们正围坐在偷来的火旁边,享受着它带来的温暖和熟食。这只鸟气急败坏,回到森林里,制造了一场暴风雨,夹杂着可怕的电闪雷鸣,这给人类造成了很大的破坏和恐惧。所以,打那之后,打雷就意味着雷鸟的愤怒,要为偷火的事情惩罚印第安人,因为鸟在失去火之后,它就只能以生的东西为食了。记录下这个故事的传教士还补充道:"印第安人自己能用摩擦的方法取火,他们竟然还相信这个故事,真是奇怪,而且在不需要的时候,他们也没有让火保持燃烧。对于雷鸣和闪电,他们也并不害怕。"[1]

印第安人相信人类最初是从闪电造成的大火中学会使用火的,上面这个伦瓜族的故事,只是用神话的形式表达了这种信仰。这是因为,在印第安人中间有一种很常见的观点,认为是一种大鹏翅膀的扇动造成了雷鸣,它眼睛的闪烁形成了闪电。[2]

格兰查科(Gran Chaco)*的绰洛提(Choroti)印第安人说,很久以前,一场大火把他们所知的整个世界都毁灭了,绰洛提族仅剩下一对男女,他们是因为躲到地下的一个洞里才幸免于难的。等灾难结束,大火熄灭之后,这对男女从地里挖出条路爬了上来,却发现没有火可用了。然而,一只黑鹭带着一根火把回到巢里,火把却烧着了它的巢,燃烧的鸟巢又引燃了树,火就在树干中闷燃起来。这个黑鹭把一些火带给那个绰洛提男人,从此之后绰洛提人就有火了。这对男女是后来所有绰洛提人的祖先。[3]

塔皮埃特人(Tapiete)是格兰查科地区的另一支印第安人,他们说这只黑鹭是从天上的闪电中取得火种的。那时候,塔皮埃特人还没有火。一只小鸟(the cáca)从它们(黑鹭?)那里把火偷来,但是火熄灭了,塔皮

〔1〕　W. B. Grubb, *An Unknown People in an Unknown Land* (London, 1911), pp. 97—99. 另参考 G. Kurze, "Sitten und Gebräuche der Lengua-Indianer," *Mitteilungen der Geographischen Gesellschaft zu Jena*, xxiii. (1905) p. 17。

〔2〕　J. G. Müller, *Gechichte der Amerikanischen Urreligionen*[2] (Bâle, 1867), pp. 120 *sq.* 可能就是从这里获得的故事素材。

　*　格兰查科是位于南美洲中部的大平原地区,是北部热带雨林和南部潘帕斯草原之间的地带,地跨巴拉圭、玻利维亚和阿根廷三国。——译者

〔3〕　E. Nordenskiöld, *Indianerleben. El Gran Chaco* (Leipsic, 1912), pp. 21 *sq.*

埃特人便没法将他们捕杀的猎物的肉烤熟,他们还无法取暖御寒。一只青蛙很同情他们,就跑到黑鹫的火边,坐在那里。当黑鹫用火取暖的时候,青蛙就把两颗火星藏进了自己的嘴里,然后,跳走,把火带给塔皮埃特人。从此之后,塔皮埃特人就有了火。但是,黑鹫的火却熄灭了,因为青蛙把它全都偷走了。黑鹫坐下来,双手抱头痛哭,可是所有的鸟都聚集起来,阻止别人再把火给黑鹫。[4]

格兰查科的马塔科(Matacos)印第安人说,在人类拥有火之前,这种东西掌握在美洲豹的手里,它守护着火。有一天,当马塔科人打渔的时候,一只豚鼠就来拜访豹子,给它带来一只鱼。可是当它想上前要一点火的时候,掌管火的豹子却没有答应它。然而,这只豚鼠成功地偷到一些火,藏在了身上。豹子问它在身上带了什么,这只豚鼠就说什么也没有。它将火种带走后,就点起来一把大火,用来烤鱼。等渔夫们离开后,大火就把边上的草地烧着了。豹子们看见大火,就纷纷提水跑来灭火。渔夫们回到家里,又用从那里带来的火把点起一堆家火,从此之后,火就再也没有熄灭过,马塔科印第安人就全都有火了。[5]

玻利维亚格兰查科的图巴(Toba)印第安人说,很久以前一场大火席卷了全世界,吞噬了所有的东西。那时候,图巴人还没有诞生。第一批图巴男人是从地里冒出来的,从大火中取得了火把,带着它们离开了。后来的图巴男人也一样来自于地下。这些人都是有火的,他们以一种被图巴人称为坦那拉(tannara)的根茎为食。他们还在河里捕鱼。但是在那时候,图巴女人还没有出现。[6]

直利瓜尼人(Chiriguanos)曾经是玻利维亚东南部最强大的部族,他们有一个关于大洪水的故事。传说大水淹没了整个部族,熄灭了大地上

[4]　E. Nordenskiöld, *op. cit.* pp. 313 *sq.*

[5]　E. Nordenskiöld, *op. cit.* pp. 110 *sq.*

[6]　R. Karsten, *The Toba Indians of the Bolivian Gran Chaco* (Abo, 1923), p. 104 (*Acta Academiae Aboensis, Humaniora iv.*).

所有的火，只有一个小男孩儿和一个小女孩儿存活了下来。没有火，这两个孩子怎么烤他们抓来的鱼呢？这时，一只蟾蜍突然来帮助这对小孩儿。在洪水淹没所有地方之前，这个聪明的生灵预先藏进了一个洞里，它还在嘴里藏了一些燃烧的炭块，在整个大洪水时期，它不断向炭块吹气，让它们不至于熄灭。看到大地上的水退去之后，它就立即把炭块放进嘴里，跳出洞来，直奔孩子们那里，把火送给了他们。这样，他们就能把捉来的鱼烤熟了，也能温暖自己颤抖的身躯。他们长大之后便成婚，成为整个直利瓜尼部落的祖先。[7]

在十六世纪，巴西的弗里乌角（Cape Frio）一带，曾有一支名叫图皮南巴（Tupinamba）的印第安人，他们认为天空、大地，还有鸟兽，都是由伟大神灵蒙南（Monan）创造出来的。据说，这位神灵对于他们，就如同我们的上帝一样。他曾经和人类亲密地生活在一起，但是后来却对人类的恶劣品性和忘恩负义非常不满，就离开了他们，降下一种名叫塔塔（tatta）的天火，把大地上的一切都烧掉了。只有一个人活了下来，他的名字是埃瑞麦吉（Irin-magé），被蒙南护送到天上或是别的什么地方，才躲过了熊熊烈火。后来他恳求蒙南降下一场大雨把火熄灭。这场大雨滂沱而下，最后形成了海，海水之所以是咸的，是因为灰烬仍然留在里面。根据这个神话的另一个版本，幸免于难的是两个兄弟以及他们各自的妻子。至于火在大洪水之后是如何起源，或者说是如何重现的，印第安人们说，是蒙南在大灾难中将火藏在了一只大怪兽（树懒）的肩膀之间，洪水过后，两个兄弟就是从这里把火找回来的。印第安人说，至今这种野兽的肩膀上还带着火的标记。在描述到这里的时候，记录这个故事的法国作者这样写道："事实上，如果你从一定的距离观察这种动物，就像有时候别人指给我，我好奇地看它时那样，你就会发现它真的像着了火一样，肩膀上的颜色非常明亮；而从近处看来，你又会觉得那里就像被灼烧过一样，这种标志只在

---

〔7〕 Bernardino de Nino, *Etnografia Chiriguana* (La Paz, Bolivia, 1912), pp.131—133. 我曾在《旧约中的民俗》中引用过这个故事，见第一篇，272 页。

雄性的身上才有。至今,"野蛮人"仍然把这种动物身上火一样的外表称为塔塔欧帕普(*tatta-ou pap*),意思就是'火与炉'。"[8]

和图皮南巴印第安人一样,阿帕波库瓦印第安人(Apapocuva Indians)也是瓜拉尼族(Guarani)的一个分支。他们有这样的传说:伟大英雄南德瑞奎伊(Nanderyquey)在一只蟾蜍的帮助下,从秃鹫们那里偷来了火。人们说,在取得食火的蟾蜍的协助后,这位英雄就躺在地上装死。秃鹫在那时是火之主(Lords of Fire),它们在他周围聚集起来,准备来一场腐肉大餐,为此它们还点了一把火,用来烤尸体。落在旁边树桩上的一只猎鹰注视着这一切,看到了这个人眯着眼睛,发现他在装死,于是它就警告秃鹫们要小心。但是这些秃鹫根本就没听进去,它们毫不含糊,举起南德瑞奎伊就向火堆扔去。这时,这位强悍的英雄突然左右出拳,使燃烧的灰烬向四面八方飞散。秃鹫们吓得要逃,而它们的首领却要它们把那些仍然闷燃的灰烬收集起来。南德瑞奎伊这时就问蟾蜍是否吞下了火。这只蟾蜍开始的时候还有点支支吾吾,当南德瑞奎伊上前给它一记老拳的时候,灰烬就全都从它的嘴里被吐了出来。用这些灰烬,这位英雄重新点起了火。[9]

在巴西中部,兴古河(Xingu river)的盆地地区,有一支斯派阿印第安人(Sipaia Indians)。他们也有类似的故事,讲述的是伟大的部落英雄小库玛法瑞(Kumaphari the Younger)如何使用装死之计从秃鹫那里偷来了火。他们说,那时候一只秃鹫(*Gaviã de Anta*)总是抓着一根火把飞来飞去,还嘲笑库玛法瑞,因为他没有火。于是这个英雄就琢磨怎么才能得到火。他注意到秃鹫一般会落在树上,然后飞下来寻找腐肉吃。这一幕使

---

[8] André Thevet, *La Cosmographie Universelle* (Paris, 1575), ii. 913 [947] *sq.*, 915[949]. 该书这部分的页码有误,我在方括号中标明了正确的页码。这个段落已经重印,参见 A. Métraux, *La Religion des Tupinamba* (Paris, 1928), p. 230。在这本书第48页,我发现第一个文献所说的动物是树懒。

[9] C. Nimuendajú, "Die Sagen von der Erschaffung und Vernichtung der Welt als Grundlage der Religion der Apapocúva-Guarani," *Zeitschrift für Ethnologie*, xlvi. (1914) pp. 326 *sq.*

库玛法瑞心生一计。他躺在地上,把自己装成一具腐尸。秃鹫和另一些猛禽(urubus)来吞食腐肉,但是却把火远远地放在一个库玛法瑞够不着的树桩上。这些鸟把肉吃得干干净净,只留下了骨头。库玛法瑞又把自己变成一只雄鹿,再次装死。那些猛禽先来吃这只死鹿,但是秃鹫有点不放心。"来吧,"其他的鸟说,"它已经死了。""确实是具尸体!"秃鹫回答说,"但是他并没有死。我可不想过去!"最后,库玛法瑞把眼睛睁开了一条缝,秃鹫注意到了,就大声喊:"看! 我说他还活着吧?"说着,就带着它的火把飞走了。最后,库玛法瑞又躺在一块大石板上,再次装死。他伸展开双臂,像树根一样插进土地里,然后再冒出来变成了两株灌木,每一根的主茎上都伸出五根树杈。当秃鹫来食用腐肉的时候,它就自言自语道:"这些树杈是我存放火把的好地方。"说完它就把火把放到了库玛法瑞的手里。英雄抓住火把,跳了起来,现在火是他的了。秃鹫却大声叫道:"你声称是老库玛法瑞的儿子,却不知道怎么取火! 应该把两根犹如库斯(urukus)的木棍放在太阳底下,用其中一个在另外一个上面旋转。""很好,"库玛法瑞回答说,"现在我也知道了,但是我还是想要这根火把,它不再属于你了。"[10]

巴卡伊利人(Bakairi)是巴西中部的一支印第安部落,他们说在很久以前有一对伟大的孪生兄弟,克里和卡米(Keri and Kami),他们在姨妈艾瓦奇(Ewaki)的要求下取得了火。那时候,火之主是一种动物,博物学家称其为 Canis vetulus *。这种动物设立了一个陷阱来捕鱼。克里和卡米来到陷阱那里,在里面发现了一只禁食鱼和一只螺蜗牛。他们就藏进这些动物的身体里,克里变成了鱼的样子,卡米变成了蜗牛。过了不久,火之主(Canis vetulus)哼着歌过来,点燃了一堆火。它看了看陷阱,发现里面

---

〔10〕 Curt Nimuendajú, "Bruchstücke aus Religion und Überlieferung der Šipáia-Indianer," *Anthropos*, xiv. —xv. (1919—1920) p. 1015. 另参见 A. Métraux, *La Religion des Tupinamba*, pp. 48 *sq*。从中我获悉 *Gaviao de Anta* 是一种秃鹫。

* 一种南美洲的犬科动物。——译者

有鱼和蜗牛，就把它们捞了出来放在火上，想要烤熟它们。可是，由两兄弟伪装成的鱼和蜗牛却向火吐水。这只动物（*Canis vetulus*）恼羞成怒，想要抓住蜗牛，不料它蹦进了河水里吸取了更多的水，又吐在火上，差不多把它熄灭了。这只动物又向蜗牛扑去，差点就用根木头打中它了，可是蜗牛又从它的掌中滑走了，跑到另一边去了。火之主根本捉不住蜗牛，就气得离开了。克里和卡米向快要熄灭的火吹气，使其复燃，带着火就回到姨妈艾瓦奇那里去了。[11]

坦拜人（Tembes）是巴西东北部克劳帕拉（Grao Para）地区的一个印第安部落。这里的人说，火在以前为帝王秃鹫所有，坦拜人就只能把肉在太阳底下晒干，然后再吃。于是，他们就决定从秃鹫那里把火偷来，为此他们先杀了一只貘。他们把貘放在地上，三天之后，尸体就开始腐烂，生满了蛆。帝王秃鹫们都从它们的氏族飞来了。它们脱下羽毛外衣，露出了人形。它们带来了一支火把，并点起了一堆大火，然后把蛆收集起来，裹进叶子里，就放在火上烤。埋伏在周围的坦拜人此时突然冲上来，不料秃鹫都飞走了，把火带到了安全的地方。印第安人三天的准备都白费了，没有成功。后来，印第安人又在腐尸的旁边搭起一间小猎屋，或一个小棚子，让药剂师藏里面。秃鹫又来了，在小棚子的边上点起了火。"这次……"药剂师自言自语道："如果我突然跳出来，就应该能抢到火把。"等到秃鹫们脱下羽毛衣服，开始烤肉蛆的时候，这个老头儿就一下子跳了出来。秃鹫们都朝自己的羽毛衣服跑去，趁这时，老人就一把抓起一根火把；秃鹫们收集起剩余的火，带着它飞走了。老头把火放进所有的树里面，此后，印第安人就用摩擦的方法从中取火了。[12]

---

[11]　K. von den Steinen, *Unter den Naturvölkern Zentral-Brasiliens*（Berlin, 1894），p. 377. *Canis vetulus* 在德语中的写法是 *Kampfuchs*。笔者参考了 Brehm, *Säugetiere*, ii. 57, "*fängt Krebbse und Krabben.*"

[12]　Curt Nimuendajú, "Sagen der Tembé-Indianer," *Zeitchrift für Ethnologie*, xlvii.（1915）p. 289; Th. Koch-Grünberg, *Indianermärchen aus Südamerika*（Jena, 1920），No. 65, pp. 186 sq. 这些字句（"*aus deren Holz man heute Feuer bohrt*"）似乎暗指这些印第安人是通过钻木的方法取火的。

　　巴西北部的阿瑞库南印第安人（Arekuna）说，在很久以前的大洪水之前，曾经有一个名叫马库奈玛（Makunaima）的人和他的兄弟们生活在一起。这群人没有火，所以只能吃生的东西。他们就到处寻找火，发现有一种绿色的小鸟据说是火的主人，土著人都管这种小鸟叫做马图歌（*mutug*，翠鸽）。当这只小鸟正在捕鱼的时候，马库奈玛就偷偷在其尾巴上拴了一根绳子。后来，鸟儿起飞，飞得很高，把线绳拖在后面。这是一根很长的线绳，顺着它，兄弟找到了小鸟的家，从那里取得了火。再后来，就爆发了大洪水，有一种被土著人们称为阿库利（*akuli*，豚鼠）的啮齿类动物用逃进树洞并封死入口的方法而幸免于难。它就在这个洞里造出了火，可是火烧到了它的后半身，那里的毛都变成了红色，它这部分身体到今天还是这种颜色的。[13] 尽管没有确凿的证据，但是我们大可推测，在那场大洪水中，火得以保存了下来。

　　陶利旁人（Taulipang）是巴西北部的另一支印第安部落。他们说，在很古老的时候，当人们普遍没有火时，一个名叫佩勒诺萨莫（Pelenosamo）的老太婆的身体里却有火，在她想要烤木薯糕的时候，总能产生火。而其他的人则只能在太阳底下烤木薯糕。一天，当老太婆从身体里取火的时候，被一个小女孩看见了，她就把这件事告诉了其他的人。于是，人们就去找老太婆，求她给一些火。但是老太婆拒绝了，否认自己有火。人们就抓住她，把她的四肢捆绑起来；他们又找来了足够的燃料，把老太婆的身体对着燃料，然后使劲地挤压她的身体，最后终于使她把火吐了出来。可是这些火却都变成了一种名叫的瓦图（*wato*）的石头，如果击打它们，就能生出火来。[14]

　　英属圭亚那的瓦劳印第安人（Warrau Indians）有一个故事，解释了为什么火存在于木头里，并且可以用摩擦的方法取出来。故事的主人公是一对名叫马库奈玛和皮亚（Pia）的孪生兄弟，他们的母亲在他们刚出世时

〔13〕 Theodor Koch-Grünberg, *Vom Roroima zum Orinoco* (Berlin, 1916—1917), ii, 33—36.

〔14〕 Theodor Koch-Grünberg, *op. cit.* ii. 76.

就死去了。这对婴儿是被一个名叫南约泊(Nanyobo)的老太婆悉心地抚养大的,这个名字的含义指一种大青蛙。双胞胎长大一些后,就常去水边射鱼和玩耍。他们每次射鱼的时候,老太婆就对他们说:"你们必须在太阳底下把鱼晒干,绝不能放在火的上面。"然而,奇怪的是,她又总是让他俩去取木柴,而等他们回来时,就会发现鱼已经被烤好了,可以吃了。事实是,她总是从嘴里吐出火来做好食物,又在孩子们回来之前把火熄灭,从不让他们看见燃烧着的火。时间长了,这两个孩子就起了疑心,他们不知道老太太是从哪里弄来的火,于是就决定监视她。第二天,当他们又被派去拾柴火的时候,其中的一个孩子就变成了一只蜥蜴,回来爬上屋顶,在那里可以看到下面所发生的一切。他把老太婆吐出火、使用火、熄灭火的整个过程尽收眼底。知道了这一切后,他就从屋顶上下来,去找他的兄弟了。他们仔细地商量了一下,决定杀死这个老太婆。然后,他们就清理出很大一块空地,只在中间留下一根质量上乘的树干,把这位好心的老养母捆在了上面。他们又在老太婆和树干的周围放上许多堆木料,然后点起了大火。这位上古的女士就这样在大火中逐渐化为了灰烬,原本在她体内的火传入到了周围的一堆堆木材里。印第安人管这种用来做木柴的木头叫做西马荷如(*hima-heru*),现在他们仍然用两根这种木头做成的棍子来摩擦取火。[15]

可以看出,圭亚那的瓦劳印第安人把木头中隐藏的火和神话里体内藏火的老太婆联系起来,这和巴西北部的陶利旁印第安人是相似的。他们认为隐藏在燧石里的火也是这么来的。

塔如玛人(Tarumas)是阿拉瓦克族(Arawak)印第安人的一个部落,他们生活在英属圭亚那东南部的密林里。他们主要靠捕鱼为生,一年四季都在流经他们生活地区的埃塞奎博河(Essequibo River)水域里捉鱼。与其他的阿拉克瓦部落相比,他们更重视渔猎生活,而较少从事农业,当

---

[15] W. E. Roth, "An Inquiry into the Animism and Folk-lore of the Guiana Indians," *Thirtieth Annual Report of the Bureau of American Ethnology* (Washington, 1915), p. 133.

然,他们也有一些木薯园地,并种植一点玉米。[16] 他们说,在最初的时候,世界上只有两个兄弟,哥哥叫阿吉杰科(Ajijeko),弟弟叫杜伊德(Du-id)。世界上除他俩之外便无其他的男人或女人。可是,这兄弟俩觉得肯定还有一个女人待在什么地方,因为他们常常在河边的某些石头上发现残缺不全的鱼骨。他们先是问了青蛙和猫头鹰,都没有任何结果;又抓住一只雌水獭,强迫它说出那个女人的住处。原来,女人住在河里的深潭中,只有用钓鱼的方法才能把她得到。两兄弟就这么办了,他们用钩子在水下捞了好几天,把那个女人的好多东西都拽了上来,比如一个篮子,还有一张吊床。后来,哥哥阿吉杰科觉得累了,就躺下睡觉了;而在他睡觉的时候,他的弟弟杜伊德终于把那个女人捞了上来,娶她为妻了,这就是后来繁衍出全人类的第一对夫妇。

　　杜伊德结婚之后,兄弟俩就在相隔不远的两处空地上分开居住。他们每天吃生的食物,却发现这个女人除了水果之外不吃任何生的食物,她还总是自己一个人吃饭,这令兄弟俩相信她一定隐藏着什么秘密。他们想让她说出她的火是从哪里来的,怎么制造出来的,但是这个女人并不愿意满足他们的好奇心。很多年过去了,这个女人已经变成了一位老太婆,还生了许多孩子,哥哥阿吉杰科来拜访她和自己的弟弟,到了太阳落山的时候,他便告别准备回家。奇怪的是,哥哥说他把自己的杂物包给落下了。这时他就让自己的弟媳给他拿来。她拿来后,就站在不远处,说:"在这呢。"但是哥哥说:"不要这样,拿近一点嘛。"她就走近了一些,停在大约有一条胳膊那么长的近处,可是哥哥还是说:"还要再近一些,离我近一点。"这个女人有点害怕了,就说:"我把它扔给你吧。"他却说:"不要啊,东西会摔碎的,拿到我手里来。"女人只好照办,突然间他就跳起来将她抓住。他对这女人说,如果不告诉他火的秘密,就要拥抱她。挣脱了半天,这个女人只好答应。她坐在一块平地上,双腿分开,然后扶住自己的上腹

---

[16]　W. C. Farabee, *The Central Arawaks* (Philadelaphia, 1918), p. 136 (*University of Pennsylvania, Anthropological Publications*, vol. ix.).

部使劲颤动了一会儿,只见一颗火球从她的产道滚落出来,掉在了地上。可是,这还不是今天我们所知的那种火,它不能燃烧,也不能把食物煮熟。当女人把它生出来时,火的这些属性就都消失了。然而,阿吉杰科说他可以使火复原,他收集来所有树皮、水果和燎人的红辣椒,用这些材料再加上女人的火,他才制造出了今天我们所使用的那种火。现在两兄弟有了火,所有的动物都想得到它,这个女人的丈夫杜伊德就必须把火保护好。

有一天,当他带着火坐在河边的时候,一只鳄鱼突然张开大嘴咬住了火,把它抢走了。大哥来了,他追上鳄鱼,诱骗它把火吐了出来。火安然无恙,但是却把鳄鱼的舌头烧掉了,从此鳄鱼就没了舌头。

不久后的另一天,又是在杜伊德照看火的时候,一只火鸡叼起火,把它抢走了。阿吉杰科来了之后,杜伊德就把这个坏消息告诉了他。后来这只鸟就被叫了回来,它将火完璧归赵,自己的脖子却被烧到了,从此那里的羽毛就变成了红颜色的。

还有一天,杜伊德把火放在路边,离开了一会儿。他不在的时候,一只豹子不小心踩在了火上,把它的脚烧伤了,伤势很重,以至于它再也不能把脚平放在地上,而只好用脚趾走路。后来貘也踩在了火上,同样是伤得不轻,从此就只能在四脚上安上蹄子,慢慢地走路了。[17]

我们并不清楚讲述这个故事的塔如玛人在今天是如何取火的;但是很可能是用钻木取火的方法,因为瓦皮希瓦纳人(Wapisianas)用的就是这种方法,他们是该地区与其有一定亲缘关系的另一支部落。这群人是这样取火的,由一个男子用双掌转动一根垂直的木棍,同时用他的双脚固定住水平木棍的一端,还需要一个助手扶住它的另一端。有的时候,他们不用手掌,而是用一只弓来旋转那根垂直的木棍。[18]

吉帕罗人(Jibaros)是厄瓜多尔东部的一支印第安人部落,他们说很久以前自己的祖先并不知道使用火,就只好把食物放在身体上焐热,比如

---

[17]　W. C. Farebee, *op. cit.* pp. 143—147.

[18]　W. C. Farebee, *op. cit.* pp. 42 *sq.* with Plate vii.

把肉放在腋下,或者用下颚焐热芋卡(*yuca*,一种可食的根块),还有就是在烈日下面烤熟鸡蛋。在吉帕罗人中,只有一个名叫塔奎阿(Tacquea)的人懂得用两根木棍相互摩擦的取火方法,但是出于对其他同胞的敌意,他既不把火借给其他人,也不愿意教他们如何取火。很多吉帕罗人都飞翔起来(那个时候吉帕罗人似乎还都是鸟)想要把火从塔奎阿的家里偷来,却都没能成功。这是因为,狡猾的塔奎阿给他的房门留了一条缝,当一只小鸟想要飞进来时,他就使劲地把门碰上,把鸟杀死。

最后,一只小蜂鸟对其他的鸟说:"我能去塔奎阿的家里把他的火偷来。"在路上,它就把自己的羽毛沾湿,假装飞不起来,还瑟瑟发抖。塔奎阿的妻子刚从菜园回来,就看见了这只小鸟,想把它当做宠物,于是便带它进屋,在火边把它的羽毛烘干。蜂鸟把自己的羽毛烘干了一小会儿,就想飞走,可是没有成功。塔奎阿的妻子又把它捉住,放在了火的旁边。这只蜂鸟太小了,它不可能搬得动一根火把,于是就将自己的尾巴在火光中甩了甩,使羽毛着起了火。蜂鸟带着燃烧的尾巴飞上一棵很高的树,吉帕罗人管这种树叫木枯纳(*mukúna*),它的树皮非常干燥。树皮跟着就着起了火,小蜂鸟叼起一小块燃烧的树皮飞向另一所房子,对其他人大喊:"你们有火啦! 快去把它拿走吧! 现在你们可以用火做好吃的啦! 你们不需要再用胳膊焐热食物啦!"

塔奎阿看见蜂鸟带着火飞走了,十分生气,他训斥自己的家人:"你们怎么能让一只鸟进来偷火? 现在全世界都有火了。这次失窃全都怪你们。"从此之后,吉帕罗人就都有了火,他们也学会了用两根木棉树枝(*aldgodon*, *urúchi númi*)相互摩擦的取火技术。[19]

---

[19]　Rafael Karsten, "Mitos de los indios jíbaros (Shuará) del Oriente del Ecuador," *Boletin de la Sociedad Equatoriana de Estudios Historicos Americanos*, ii. (1919) pp. 333 *sq*.

第十二章
中美洲与墨西哥的火起源神话

危地马拉的基切人（Quichés）说，当他们的祖先还没有火时，就只能忍受着严寒的折磨。神灵托希尔（Tohil）是火的发明者，也是火的所有者，于是可怜的基切人就向他祈求，托希尔给他们点起了火。可是，不久之后下了一场大雨，还夹杂着冰雹，把地上所有的火都熄灭了。托希尔穿着他的拖鞋跺脚，再次制造出了火。后来，基切人的火又熄灭过很多次，每次之后，托希尔都给他们燃起新的火。[1]

墨西哥的科拉印第安人（Cora Indians）有个故事，说的是在很久以前，有一只鬣蜥掌握着火，它和自己的妻子、岳母吵了一架之后，就带着火去天上了。从此之后，大地上就不见半点火星了，因为这只鬣蜥把火带走，藏在了高高的天上。人们都很需要火，他们就一起商量怎么才能搞到火。老人们与年轻人凑到一起，不吃不喝也不睡觉，日日夜夜苦思冥想，仔细地琢磨了五天。五天后，他们恍然大悟，知道了火在何处。"鬣蜥把火藏在了天上，"他们说，"它把火带到天上去了。"然后他们又商量："怎么才能去那里把火取来呢？"他们说："得有人去天上，把火拿下来。"于是，他们就派一只大乌鸦去执行这项任务，说："去吧，乌鸦，看看你能不能爬到天上去。"在靠近目的地的地方有一个峭壁，乌鸦就沿着这个峭壁爬

---

[1] H. H. Bancroft, *Native Races of the Pacific States* (London, 1875—1876), iii. 50 (*following the Popol Vuh*).

了上去。它不断地往上爬，到了一半的时候，却滑下来摔在了地上。乌鸦被摔死了，一动不动。它的身体碎成好几块，就这样失败了。

人们又叫来了蜂鸟，它接受了任务，可是也没有成功。当它爬到一半的时候也摔了下来。它奋力保住自己的性命，最后落到了地上。它回来向那些老人们说："不可能爬上去，那里有一个瀑布，而且没有路可以过去。"后来又有一只鸟去冒险。同样，它也没有爬上去，一无所成地回到了地面上。等它回来后，就对老人们说："不可能，没有办法爬上去。"

所有的鸟都试过了，没有一只能到达天空。于是，人们就把负鼠叫来了。开始的时候，它不愿意去，后来终于答应了，并对人们说："如果我爬了上去，那么就按照下面这样做。如果我爬了上去，就要看好，我会把火扔下来，到时可要注意，准备好你们的毯子，当火落下来的时候，不要让火落在地上，以免它把大地烧得一干二净。"

然后，负鼠就出发了，它爬呀爬呀，到了中间的那部分。在那里有一棵泰克斯考拉米树（*texcallame*），负鼠就停下来休息了一会儿，然后它继续向上爬。道路非常滑，它来到了有瀑布的地方。它浑身都湿透了，艰难地往上攀登，差一点就被瀑布吞没了。最后终于上来了，它就环顾四周寻找火。它看到火之后，就走了过去，看见旁边还坐着一位老人。负鼠就向他打招呼："你好啊，爷爷！你好啊，爷爷！"这个老头子站起来问道："是谁在说话？"负鼠回答说："是我，您的孙子。"它还希望能靠近火取暖。一开始这个老头儿还不是很情愿，可是负鼠就恳求他说："我真的很冷，我需要给自己暖暖身子。"这时老头儿就说："暖身子可以，但是不要把火拿走。"于是负鼠就坐了下来，然后老头子就躺下睡觉了。等他睡着之后，负鼠就用尾巴卷起一根火把，把它悄悄地拖出了火堆。这时老头子突然醒了。"你要偷火，孙儿，"他说。"不是的，我正在耙火，"负鼠回答说。老人就又睡着了，这一次他彻底地沉睡了。然后，负鼠就轻轻地起来，抓起一根火把，开始把它慢慢地拖走。当老头儿醒来发现时，它已经拽着火把走了很远，就要到达悬崖边了。于是，老人就奋起直追。可是，负鼠这时已经走到悬崖,把火抛了出去。等老头儿追上负鼠之后,就用自己的拐杖把它打得鼻青脸肿,然后将它扔回了地上。完事之后,他说:"负鼠,不许你拿走我的火。"然后就走了。

人们这时正在地上等着火,火把就飞了下来。他们准备用毛毯接住火,可是火并没有落在毛毯里,而是掉在了地上。他们拿起了火,可是大地也在一瞬间燃烧了起来。而当人们去拾火的时候,负鼠也重重地摔在地上,死掉了。他们就把它抬起来裹进了毛毯里。过了一会儿,毛毯里发出一阵颤动,负鼠又活了过来,它挣扎地起身,坐了起来。等它恢复知觉后,就问:"火来了吗? 我把火扔了下来。我爷爷杀了我,狠狠地收拾了我。"人们回答说:"火是落下来了。但是没有人能接住。它落到了地上,大地都着起火来了。我们该怎么灭火呢? 我们没法扑灭它。"这时,人们就呼唤出大地母亲——地神,她用自己的乳汁熄灭了大火。然后,人们就把火带走了,从此就再也没有失去过它。[2]

在这个科拉神话中,鬣蜥在把火从大地带上天空之后就消失了,取而代之的,是一个在天上守护着火的老人。但是,或许这个老人就是鬣蜥的人形,因为"野蛮人"在动物和人之间并没有明确的区分。在这则科拉神话的一个更简短版本中,那个被负鼠偷走天火的角色则又变成了"老秃鹫"。[3]

---

〔2〕　K. Th. Preuss, *Die Nayarit-Expedition*, i. (Leipsic, 1912) pp. 177—181.

〔3〕　K. Th. Preuss, *op. cit.* i. 271 *sq.*

第十三章
北美洲的火起源神话

新墨西哥州的希亚印第安人（Sia Indians）说，人类、动物、鸟类以及所有生灵的创造者是大蜘蛛（Spider），人们称其为苏希斯汀纳库（Sussistinnako）。它居住在地下，还能用一个尖锐石头与一个扁圆石头相互摩擦来造火。可是，在点燃火之后，它就派一条蛇、一头美洲狮和一只熊来分别把守第一、二、三道门，这样就没人能进来看见火了。生活在地上的人们还没有火，他们也从没听说过火的秘密。时间一长，人们就对像鹿或其他动物那样吃草感到厌烦了；于是，他们就决定派郊狼去地下世界帮他们把火偷来，郊狼接受了这个使命。午夜，当郊狼来到大蜘蛛的房子时，发现蛇正守卫着第一道门，但是它却在门口睡着了，于是郊狼就溜了进去。守卫第二道门的美洲狮和守卫第三道门的熊也都睡着了。郊狼从它们身边过去都没有被发现，顺利来到了第四道门，这里的守卫也睡着了，于是郊狼就从它身边进到了房间里。郊狼看见大蜘蛛也完全睡着了，就跑到火的旁边，把拴在尾巴上的一根杉木点燃后，匆匆离开了。就在这时，大蜘蛛醒了，揉揉眼睛，看见有人从它的房间跑了出去。"是谁？"它喊道，"有人来过！"可是，在它唤醒那些睡着的门卫们去捉贼之前，郊狼早已带着火回到了地上的世界。[1]

---

[1] Mrs. Matilda Coxe Stevenson, "The Sia," *Eleventh Annual Report of the Bureau of Ethnology* (Washington, 1894), pp. 26 *sq.*, 70, 72 *sq.*

纳瓦霍人或称那瓦约人(Navahoes or Navajoes)是新墨西哥州的一个印第安人部落,他们说自己最早的祖先是六对男女,这些人是从蒙特祖玛(Montezuma)山谷中的一个湖里自地下升出来的。当时,在他们还在从地下到地表的途中时,蝗虫和獾已经走在他们前面了;事实上,当他们来到地面上后,发现今天生活在那里的各种动物都已经在那里了,只有麋鹿和其他的鹿还没有被创造出来。此外,动物们过得也比人好,因为它们有火,而男人、女人们都没有。然而,在动物中,郊狼、蝙蝠和松鼠是纳瓦霍人特别要好的朋友,它们就同意相互协助帮人类取得火。于是,当其他的动物们都在火堆旁边玩鹿皮鞋游戏*时,郊狼就在尾巴上粘了一些树脂松的木片,跑到娱乐场地附近;当动物们的注意力都被游戏吸引时,它就迅速地从火中间蹿过去,使尾巴上的松木都被点燃了。动物们追着它跑,当它精疲力竭的时候,预先在它们中间藏好的蝙蝠就来营救它,把郊狼和火都抓了起来。蝙蝠飞来飞去,四处躲避追赶它的动物,暂时逃脱了追赶;在它就要支撑不住的时候,又把火传给了松鼠,松鼠借助着自己的敏捷和耐力,成功地将火安全送达给纳瓦霍人。[2]

新墨西哥州北部的杰卡瑞拉阿帕契人(Jicarilla Apaches)说,当他们的祖先刚从地下的住所来到地面上时,树木还都会说话,人们也不能燃烧它们,因为树木里面还没有火。然而,人类最后在狐狸的努力下获得了火。故事是这样的:一天,狐狸去拜访鹅们,希望学会它们的叫声。鹅们答应教给它,但是却对它说,如果要学会真正的叫声,就得和它们一起飞翔。为此,它们就给了狐狸一对翅膀,还警告它,在飞行的时候决不能睁开眼睛。然后,鹅们就展开翅膀,飞上了天空,狐狸也跟着它们飞了起来。当夜幕降临的时候,它们正经过萤火虫的居住地,那里有墙壁围绕着。萤火虫们的火所闪动出的光刺透了狐狸的眼皮,使它睁开了眼睛。这时它

---

* 一种纳瓦霍人的传统娱乐活动。——译者

[2] Major E. Backus, "An Account of the Navajoes of New Mexico," in H. R. Schoolcraft's *Indian Tribes of the United States* (Philadelphia, 1853—1856), iv. 218 *sq.*

的翅膀突然失效了,便落到了萤火虫帐篷附近的围墙里面。有两只萤火虫来看这只摔下来的狐狸,狐狸就送给它们每人一串杜松子项链,希望它们告诉它从哪里能走出这环绕它的围墙。萤火虫就告诉它,那里有一棵雪杉,无论谁要求,它都会弯下身来,帮助有需要的人走出围墙。到了夜里,狐狸就到萤火虫们喝水的泉水那里,发现这里有许多彩色的泥土,非常适合作画,它就把其中的一种颜料画在身上,成了一件白色的大衣。回到营地之后,它对萤火虫们说,它们应该举办一场宴会,应该跳舞,好好欢快一场,而它会给它们介绍一种新的乐器。萤火虫们接受了狐狸的提议,就收集来许多木头,用它们自己的萤火点起了一堆很大的篝火。在庆典开始之前,狐狸在自己尾巴上系上了一些杉木树皮,然后就制造出了鼓,这是鼓第一次被制造出来,它就敲了一会儿。敲累了之后,它就把鼓给了一只萤火虫,然后一点一点地往火那边挪,最后终于把尾巴插进了火里,它旁边的萤火虫警告它不要这么干,否则会烧着它。"我是一个药剂师,"狐狸回答说,"所以我的尾巴不会有事的。"实际上,它仔细地注意着它,等到树皮烧着之后,它就说:"这里太热了,让我到凉快一点的地方待着吧。"说完,它就带着着火的尾巴逃跑了,萤火虫们追着它大喊:"停下来,你不认识路,回来!"可是狐狸径直跑到杉树那里,然后大呼:"弯下来吧! 我的树,弯下来吧!"这棵树就把它抬出了围墙,它就继续逃跑,萤火虫们还跟在后面追。在它逃跑的时候,从燃烧着的树皮上落下的火星把两旁的灌木和树都点燃了,于是大火就在大地上蔓延开来。狐狸最后筋疲力尽,就把火传给了老鹰;老鹰带着火接着跑,后来又把它传给了棕鹤。鹤带着火向南方飞远了,远到除一种树之外其他所有树都不生长的地方,而那一种树至今仍然是不可燃的。至于这种不可燃的树叫什么名字,杰卡瑞拉阿帕契人却并不知道。萤火虫们追着狐狸直到它的窝里,告诉它,作为对它偷火并使其在大地上广为蔓延的惩罚,它以后永远也不能再使用火了。[3]

犹他州北部的尤因塔犹他人(Uintah Utes)有一个很长的关于火起源的故事,或更确切地说,是火被偷来的故事。* 下面是这个故事较为简练的一个版本。郊狼和人类生活在一起,是他们的酋长,他们都没有火。然而,一天,当郊狼在帐篷里的床上躺着的时候,它看见有什么东西落在了面前,这是一小块被烧灼过的灯芯草,它的上面还冒着烟,是被风吹到这里来的。郊狼把它捡起来,叫来了头人们,问他们是否知道这是什么,是否知道它是打哪里来的。可是他们都不知道。于是,郊狼就指着其中的一个,即猫头鹰,说:"我派你带很多猫头鹰来。"它又叫另一个头人召集来乌鸦,以及另外几个头人分别叫来松鸡、艾草榛鸡和蜂鸟各部落。它还让天蛾**叫来各种各样的鸟类。鸟们就派飞毛腿信使去各个部落,这些部落立刻就启程来见它了。

然后,它又对其中的一个人说:"我的朋友,去河边收集些芦苇,把它们带到这里来。"这个人就照着办了。郊狼拿起一根棍子,把芦苇打成碎片。最后,它就弄出了一堆芦苇碎皮。待其变成深颜色之后,它就拿来深蓝色的涂料与这些芦苇皮揉搓在一起,直到它们逐渐变成了黑色,就像人类的头发那样的黑色。第二天早上太阳升起之后,它把朋友们叫来,它把碎芦苇戴在自己的头上,看起来就像长得垂在地上的头发。等它的朋友们到达之后,竟都没有认出这是郊狼来,而以为是别人。它们都没看出这是怎么一回事。然后,郊狼就让它们都回家去了,自己则摘下芦苇假发,将其裹起来收好了。

---

[3] Frank Russell, "Myths of the Jicarilla Apaches," *Journal of American Folk-lore*, xi. (1898) pp. 261 *sq*.

* 在这个故事中,动物的名字都使用了首字母大写,实际上,它们的行为也较其他故事更为接近人类,因此似乎并不是纯粹的动物,而是印第安人的图腾名字,可见弗雷泽本人在这个故事结尾处所进行的说明。以下很多北美印第安人神话都是如此,恕不复述。——译者

** 这是一种体型偏大的蛾子,前部有一根很长的管状嘴用来吸食花蜜,因此常常被人误认为是一种蜂鸟。——译者

这时,它所召集的各个部落陆续到来了。它们都是些能干的人,但不是全能的人。所有人都来到它的帐篷,层层围坐成了好几圈,听郊狼讲话。它就询问这些人,这是什么东西,从哪里来的,是不是从天上来的。它把这东西给人们相互传递,可是没人知道这是什么。于是,郊狼就说:"我要找到这个东西。我还要弄清楚它是从哪里来的,是从某个部落,还是从天上来的。我要你们去各自所认为的最可能之处寻找,去每一个你们觉得最应该去的地方,这就是我叫你们来的原因。今天早上我们就开始行动吧。"

就这样,所有的人都开始行动,往西去了,这是因为风是从西边吹来的,所以郊狼相信这神秘的东西必定是从这个方向来的。他们就去山丘上、山谷中寻找了好几天。有一天,郊狼派出一只红尾隼去巡视。这只鸟飞得高高,但是精疲力竭地回来,说什么也没有发现。郊狼又派出了老鹰,老鹰盘旋了好几圈,逐渐飞出了大家的视线,它飞得比隼还要久。可是,老鹰同样是一无所获,除了看见一个似乎在冒烟的地方。这时人们就建议郊狼让蜂鸟去,说它是最合适的人选。大家说:"它会干得比老鹰更出色。"于是,郊狼就派出了蜂鸟。蜂鸟飞走了,消失了很久,比红尾隼和老鹰都要久。当它回来时,就报告说:"在大地与天空的尽头,在天与地相连的地方,我看见有个东西矗立在那里,它特别特别远,顶端是弯曲的。我能看见的就是这些。"听到这些,郊狼很高兴。它说:"我想你们中的某位应该去看看。这就是我们要找的东西,我手里的这个东西就是从那上面来的。"

于是,它们就出发远行,翻过了一座又一座山,跨入更遥远的平原。当它们来到最后一座山的山脚下时,郊狼就把自己打扮起来。它拿出芦苇假发,戴在自己的头上。它把假发从中间分开,将那垂到脚上的两束长发用树皮裹起来。但是,在完成这项装扮程序之前,它又派出了老鹰。老鹰飞走了,当它回来时,就说:"我们已经不远了,我看见了蜂鸟所说的那个东西,我们已经很近了。"

于是,它们就来到了一座小山顶上的村子里。郊狼对它的朋友们说:"我们从没有拥有过火,现在火就在我们的眼前,这就是我们此行的目的,我们要把火从这些人的手里夺走。不要给他们留下。火虽从这里起源,但是他们将不再拥有它。我们将把火带到家乡,我们将使自己的土地拥有火。我将用这个假发来偷火。我将用这个方法来骗过那些有火的人。"

然后,它们就进入到村子里,向第一个帐篷走去,郊狼估计这就是其酋长的住处。它对那位酋长说,自己远道而来看望他们,希望酋长能举办一场舞会供它和自己的同伴们欣赏。这位酋长同意了,就召集他的人来跳舞,连妇女和小孩们也都来了,所有的人都从自己的帐篷里出来了。在郊狼的建议下,人们把各自帐篷里的火都熄灭了,只剩下集会处的一堆大篝火还燃烧着。然后,郊狼就拿出来芦苇皮假发戴上了,那些人都以为它是在为跳舞而准备装束。它不停地跳了一整夜。

当天开始蒙蒙亮时,郊狼就高喊起来,这是对它自己人所发出的信号。过一会儿,天更亮了,它就向火移动过去,再次高喊,围绕着火跳舞。它的同伙们这时已经与其他人分开,准备行动了。这时,郊狼脱下芦苇皮假发,抓在手里使劲拍打,火也被假发拍熄灭了。但是,假发的碎屑都着起了火,郊狼带着这个燃烧的东西就开始跑。它所有的同伙也跟着跑了。而这个村子里的人却什么都没有了,他们所有的火都熄灭了。他们现在终于明白了这些来访陌生人的险恶用心,决定追捕它们,杀死它们。在逃跑的时候,郊狼把火传给了鹰,对它说:"你跑得更快,拿着这个,我的朋友。"鹰抓起火就跑;当它逐渐撑不住的时候,又把火给了蜂鸟;等到蜂鸟也累得不行的时候,它又把火传给了天蛾。逐渐地,那些飞得慢的小鸟们都累趴下了,不再逃跑,而是尽可能地躲起来,只有那些最强健和迅速的鸟还在坚持。可是,郊狼发现,追捕它们的人越来越近,就把火给了最快的鸟类——食鸡隼。后来,郊狼又自己带着火跑,还让它所有的同伙尽可能地跟着自己跑。这时,蜂鸟又从郊狼手里接过火,飞到前面去了,但郊狼却叫住了它:"停下来! 火快要熄灭了。"这使得蜂鸟很生气,它将火还给了郊狼,自己转头藏了起来,因为它对郊狼很不满。

现在只剩下四个逃跑者了,它们是郊狼、鹰、食鸡隼和天蛾。它们都精疲力竭,分散了开来。最后,就连鹰、食鸡隼和天蛾也坚持不住了,只剩下郊狼带着火跑。追缉的人们越来越近,想要杀死它。它逃进一个洞里,用石头将洞口堵住,在里面好好照看最后的一点火星。后来它又从洞里出来,改变方向,从一个深沟中甩开了追缉的人们。最后他们终于放弃追它了。人们说:"让它走吧,我们会制造大雨,还有大雪。我们会制造一场暴风雪,把它冻死,把火熄灭。"于是,天开始下大雨,所有的地洞都灌满了水,所有的峡谷都积满了过膝的雨水。郊狼估计这火就快熄灭了,它看见一座长着几株杉树的小山,想到躲在杉树的下面应该是安全的,因为峡谷里面已经积水成河了。

在它到达山顶前,却看见一只黑尾兔坐在水里。郊狼就让它拿住火,可是兔子却把火放在自己的身子下面。"不要这样,"郊狼说,"你在水里,这样会把火弄灭的。"于是兔子就把火还给了郊狼,[4]还告诉它那边有一个坚固的洞穴,可以作为避难所。郊狼进到洞穴里,发现那里放着一些干燥的山艾树和杉树木头。于是它就把木头堆起来,用带来的火把它们点燃。大火着起来之后,郊狼不再瑟瑟发抖,尽管追捕的人们想冻死它,使得外面大雪纷飞、冰天雪地,可现在大火却使它享受到了温暖和舒适。到了早上,天空变晴朗了,云也退去了,到处都结着冰。南风吹来,冰雪便消融了。郊狼从洞里出来,发现兔子还坐在前一晚待着的地方。郊狼向它射击,把它杀死了。然后它回到洞里,找到一根又干又硬的山艾树木头,在上面钻出一个孔,然后把火炭放进孔里封好。它相信这样就能安全地把火带在身上了。

郊狼把悉心保护好的火放进腰带里,就带着它回家了。它把藏有火的山艾树空木头放在地上,叫来了原先留在家里的一些人,还有妇女和小

---

〔4〕　这个情节或许是为了说明兔子尾巴上的黑颜色是如何形成的,这是由于它坐在火的上面而被熏黑所造成的,但是在所记录的故事中并没有进行这样的解释。

孩。等他们都到齐后,它就拿出火。这看起来只不过是一根木头棍子。它又将一根黑肉叶刺茎藜的木头削尖。"现在各位看好,"它说。它让两个人将山艾树木头紧紧地按在地上,然后就用那根藜木在上面钻,还将钻出来的木屑收集好,放进干草里。再吹一吹干草,不一会儿就着起火来了。郊狼说:"这个干松子会燃烧,干的杉木也会燃烧。把火带进每个帐篷,各家各户都要有火。"这时,那些在逃跑中精疲力竭而躲藏起来的各种鸟也都回到了村里。但是它们又都飞回了它们曾经来的地方,从此之后就永远都是鸟了。[5]

这个故事清楚地说明了取火的过程,即用一根硬藜木在一片相对较软的山艾树木头的孔里摩擦。和很多神话一样,这个故事中的主人公有时看起来是人,有时又像动物或鸟类。这两种角色之间的区分模糊不清,摇摆不定,这是因为在故事讲述者的思想中,两类角色的类别本来就相互混合在一起的。

在美国东南部一些印第安部落所讲述的故事中,偷火的贼由郊狼变成了兔子。克里克印第安人(Creek Indians)说,很久以前,所有的人都聚集在一起,说:"我们怎么才能获得火呢?"最后大家一致认为应由兔子去帮人类将火取来。兔子跨过通往东方的大水池。那里的人热情地接待它,还为它安排了一场盛大的舞会。然后兔子就走进舞场,高兴地装扮起来,还戴上一顶很特别的帽子,里面粘上了四根松枝。当人们跳舞的时候,他们就离场地中间的圣火越来越近,兔子也跟着越来越靠近火。舞者们开始向圣火鞠躬,腰弯得越来越低;兔子也同样地向圣火鞠躬,越来越低。突然,兔子弯得更低,使得帽子里的松枝触到了火,它的头上就燃起一团大火。人们对这位客人的大不敬行为很吃惊,它竟敢触动圣火。他们便向它冲过来,兔子就逃跑了,人们还都在后面紧紧地追着。它跑到大水池,就跳了进去,人们只好在岸边停了下来。兔子戴着着火的帽子游过

了水池,它回到了自己人那里,他们就拥有了从东方取来的火。[6]

这个故事中的"通往东方的大水池"似乎指的是大西洋。夸萨蒂印第安人(Koasati Indians)有这个故事的更为详实的版本,可以确定这片水域到底指的是什么。他们说,很久以前当地是没有火的,只有在大洋的另一头才能找到火。人们需要火,但是有火的人却不答应给他们,于是夸萨蒂人就只能过着没有火的日子。兔子说:"我能带一些火来。"席间有个生了许多女儿的人就说:"无论谁去把火带回来,我都会给他一个女儿。"可是兔子却说:"一个女人还不够。"大鲨鱼说:"我能带来。"那个人就说:"好吧,你去把火取来吧。"大鲨鱼想要一个女人,于是就动身了。它跳进大海里,消失了,再也没有回来。

兔子就说:"除我之外,是没有人知道该如何成功回来的。"那个人就让兔子去了,它说:"好的,我会带火回来,但是我要和你所有的年轻女儿睡觉。"那个人说:"好吧。"然后兔子就出发了,到达水边之后,它就脱下上衣将其扔掉,然后坐在一根木头上划了过去。它就这样跨过了大洋,然后继续旅行。当兔子找当地人要火的时候,那些人拒绝了它,它就抓起一些火往回跑,那些人追它。它带着火穿过森林,然后来到海边,就停了下来。兔子用树脂涂抹后脑勺,当第一批追踪者赶到时,它就跳进水里游走了,用一只手将火托在海浪之上。不久之后,它就很累了,便把火粘在脑袋后面。尽管它在游泳,可是火粘在树脂上,所以就不会熄灭。就这样,它游过了大洋,将火带给了派遣它的那个人。这个人就说:"现在这些姑娘都属于你了。"兔子高兴地留在了那里。[7]

希奇蒂印第安人(Hitchiti Indians)也讲述了兔子偷火后将其分给所有人的故事。他们说曾有一段时间,虽然人们已经知道了火的存在,但是却不能拥有它,因为火仅仅保存在用来举行神圣仪式和表演庄严舞蹈的

〔6〕　John R. Swanton, *Myths and Tales of the Southeastern Indians* (Washington, 1929), p. 46 (*Bureau of American Ethnology*, *Bulletin* 88).

〔7〕　John R. Swanton, *Myths and Tales of the Southeastern Indians*, pp. 203 *sq*.

仪式场地里,习俗是禁止人们从这里取火的。兔子知道在这个仪式场地里即将举行一场舞会,心想:"我可以带着一些火跑掉。"它琢磨了一番,计划好了如何行事。它用树脂涂抹脑袋,使毛发都竖了起来,然后就出发了。当它来到圣地时,发现那里已经聚集了许多人。人们跳舞的时候,兔子就在边上坐了下来。然后人们就来找它,说一定要让它领舞。兔子同意了,就起身,转着圈跳舞,还边跳边唱,人们都跟着它跳。舞步越来越快,当兔子围绕着火跳舞的时候,它总是不断地朝着火焰低下头,仿佛想要够到火一样。但是人们都说:"兔子跳舞的时候,就是那个样子。"最后,兔子忽然把头伸进火里,然后带着脑袋上燃烧着的火逃跑了。人们就在后面追它,还边追边大声喊:"嘿,抓住它!把它撂倒!"人们紧紧地跟在后面,但是却捉不到它,兔子就逃走了。人们就让雨下了整整三天,到了第四天,他们说:"现在雨应该已经将火熄灭了。"于是雨就停了,太阳又出来了,天气变得晴朗。可是,兔子在树洞里面生了一堆火,当下雨的时候它就躲在里面,太阳出来后再带出来更多的火。可是,雨又下了起来,将外面所有的火都熄灭了,只剩下树洞里的那堆火,就这样一次又一次。尽管雨很大,可是却不能彻底把火浇灭,因为趁着中间阳光普照的间隙,兔子总是能把火从树洞中带出来。后来,人们就来收集闷燃的灰烬,把它们带走了。就这样,兔子将火种分给了所有的人。[8]

阿拉巴马印第安人(Alabama Indians)的火起源神话则与众不同。他们说,以前火的主人是熊,它们总是把火随时带在身边。有一次,它们把火放在地上就到远方吃橡果去了。这些被它们留在地上的火差不多就要熄灭了,火就悲伤地呼号:"救救我吧!"有些人听到了火的呼喊,就来帮助它。他们找来一根木棍,把它朝着北方放在火上,又找来另一根木棍,朝向西方放在它的上面,火就着了起来。等熊回来取火的时候,火就对它们说:"我现在不认识你们了。"于是熊就再也没有火了,现在它属于人

---

〔8〕　John R. Swanton, *Myths and Tales of the Southeastern Indians*, pp. 102 *sq.*

类了。[9]

　　夏延印第安人（Cheyenne Indians）有个故事，说是在很久以前，有一位名叫甜根（Sweet Root）的祖先，从雷神那里学会了钻木取火的方法。在这个故事中，据说雷神从公野牛那里获得了一根（木头）条，从中能产生火。然后，雷神又对甜根说："找一根木棍来，我来教你用一样东西，有了它，你的人就能取暖，就能做饭，就能点燃别的东西。"甜根拿来木棍后，雷神就对他说："顶住木条中间那部分，双手扶好，然后迅速旋转。"甜根就这样做了几次，木条就着起火来了。就这样，在雷神的帮助下，人们有了给自己带来温暖的方法，才得以抵御霍姆哈（Hō-ĭm'-ǎ-hā），也就是通常所说的"冬人"或"暴风雪"（即带来寒冷与风雪的力量）。[10]

　　苏人（Sioux）、梅诺莫尼人（Menomonis）和福克斯人（Foxes）是生活在密西西比河谷的另外几支印第安人部落，他们有一则关于大洪水的故事：在这场大灾难中，大地上所有的居民都被淹死了，只有一对男女存活了下来。这对幸存者是逃到了一座高山上才幸免于难的。生命之神（Master of Life）看见他们处于孤独凄凉的境地，没有火可用，就派了一只白色的乌鸦把火捎给了他们。可是乌鸦在半路停下来吃腐肉，令火熄灭了。它就返回天庭，想要再取一些火。可那位大神（Great Spirit）却把它轰走了，还将它由白变黑，作为对它的惩罚。后来大神又派出厄拜特（erbette）——一种灰色的小鸟——作为他的使者去给那对男女送火。小鸟完成了任务，回来向大神报告了情况。为了嘉奖它，大神在它两只眼睛的边上加上了黑色的小条纹。至今，印第安人仍对这种小鸟怀有很高的敬意；他们从不杀害这种小鸟，也不让自己的小孩射这种鸟。此外，他们还模仿这种鸟，也在自己双眼的旁边画上黑色的小条纹。[11]

---

〔9〕　John R. Swanton, *Myths and Tales of the Southeastern Indians*, pp. 122 *sq.*

〔10〕　G. B. Grinnell, "Some early Cheyenne Tales," *Journal of American Folk-lore*, xx (1907) p. 171.

〔11〕　Francois-Vincent Badin, in *Annales de l' Association de la Propagation de la Foi*, iv. (Lyons and Paris, 1830) pp. 537 *sq.*

奥马哈印第安人(Omaha Indians)说,在古时候,他们的祖先没有火,饱受着严寒的折磨。他们就想,我们该怎么办呢?有个人就找来一块非常干的榆树根,在上面挖了一个孔,然后把一根木棍插进去摩擦,烟就冒了出来。他闻了一闻,其他人也闻到了烟味,就都凑过来,帮助他一起摩擦。最后火星就迸发出来,他们向火吹气,火苗就变大了,人们就有火来取暖和做饭了。[12]

奇佩瓦或欧及布威印第安人(Chippewa or Ojibway Indians)是属于阿尔贡金语系(Algonquian stock)的一支规模很大的部落集团。他们说,在太初的时候,人们都还不开化,他们赤身裸体,成天呆坐着无事可干。造物神之灵(Spirit of the Creator)就派一个人去教他们。这个人的名字是奥克卡拜维斯(*ockabewis*),也就是信使(Messenger)的意思。有些原始人生活在南方,在那里他们并不需要衣服;但是那些住在北方的人则感觉很冷,却又不知该如何是好。信使看见南方人赤身裸体游荡于四方,并没有管他们。他来到北方,这里的人们生活得比较苦,急需他的帮助。他问道:"你们干吗坐在这里,还光着身子?"人们回答他说:"因为我们不知道该怎么办。"他首先教给人们的,就是用弓、木棍和一些枯木来取火的方法;这种取火术就流传了下来,至今奇佩瓦人仍旧还是这样来取火的。后来,这位信使还教会了人们如何用火烤肉吃。[13]

切诺基印第安人(Cherokee Indians)说,在最初的时候,世界上没有火,非常寒冷,后来在打雷的时候,一道闪电击劈下来,击中了一棵空梧桐树的底部,于是就有了火,但是这棵树是长在一座小岛上的。动物们看见火从树的顶部冒出来,知道它的方位,却苦于隔着水,不能取得火。于是

---

[12]　Alice C. Fletcher and Francis la Flesche, "The Omaha Tribe," *Twenty-seventh Annual Report of the Bureau of American Ethnology* (Washington, 1911), p.70.

[13]　Frances Densmore, *Chippenwa Customs* (Washington, 1929), p.98, and as to the mode of kindling the fire, *ib.* p.142 (*Bureau of American Ethnology, Bulletin* 86). 这里的取火方法是弓钻法,把弓弦在弓背上固定紧,然后,将其缠绕在一根垂直的箭杆上,使其在一片软木上疾速旋转。参见 Walter Hough, *Fire as an Agent in human Culture* (Washington, 1926), pp. 96—98 (*United States National Museum, Bulletin* 139)。

它们就集会商量该怎么办。

　　会飞和能游泳的动物都想去把火取来。最后大家觉得应该让大乌鸦去，因为它又大又强壮，肯定能胜任这个工作，于是它就第一个出发了。它飞得又高又远，跨过了水面，然后落在了梧桐树上；然而，热浪把它浑身的羽毛都烤黑了，它吓得顾不得取火就回来了。接着，小苍鹭又要求去，它也安全地到达了那里；但是当它往树洞里张望的时候，一股热浪冒出来，差点把它的眼睛烧掉。它扭头就飞回了老家，过了很久很久之后，它的眼睛才能看清东西，可是至今仍然还是红色的。后来，猫头鹰和雕鸮也去了，可是当它们到那里时，熊熊烈火差不多把它们给熏瞎了，被风吹起的灰烬在它们眼睛的周围形成了一轮白圈。它们只好空手回到家里，无论怎么揉，那些白圈也消不下去了。

　　这个时候，已经没有任何鸟类愿意去冒险了，有一只小尤克苏希(*uk-suhi*)蛇，也就是黑脊游蛇，说它能游过去把火带来。于是它就游到岛上，自草丛中爬到那棵树前，从树底下的一个小洞钻了进去。可是，高温和浓烟太难以忍受了，它在灰烬中盲目地跌跌撞撞，终于又从那个刚才进来的洞口出去了，可是它的躯体已经都被烤黑了。从此之后，它就习惯于走之字形的路线，好像总是要躲开旁边的什么东西一样。后来，又轮到大黑蛇去取火，印第安人管这种蛇叫古勒奇(*gulegi*)或"攀登者"。它游到岛上，然后从外侧爬上树，就像它平时习惯的那样，但是当它把头伸进洞里的时候，立刻就被浓烟呛得摔进燃烧的树桩里。等它逃出来时，已经烧得和小尤克苏希蛇一样黑了。

　　到现在也没有取得火，依旧寒冷，动物们就只好再开一次会，可是鸟类、蛇类和四足动物们都已经不敢再靠近那棵燃烧的梧桐树了。最后，水蜘蛛说，它可以去。这并不是那种看起来像蚊子的水蜘蛛，而是另外一种，身上长着黑色的绒毛和红色的条纹。它既能在水面上行走，也能潜入水底，所以，它来到小岛上并不是什么问题，可是，它怎么把火带回来呢？这是个难题。"我有办法。"水蜘蛛说，然后它就从身体里抽出一根丝来，把它缠成一个吐丝提（*tusti*）球，紧紧系在了后背上。蜘蛛出发，来到小岛上，从草丛中爬到燃烧的梧桐树那里。它将一块火炭粘在后背的碗形球里，就带着它回来了。从此之后我们就有了火，而水蜘蛛则一直保留着它的吐丝提球。[14]

　　显然，这个神话主要是解释了几种动物和鸟类的特殊外表或步态，而对火起源的说明则是次要的，也没有追究为什么火存在于木头或石头里的问题。

　　加利福尼亚的卡洛克印第安人（Karok Indians）有一个关于古时候的故事，那时他们的祖先并没有火。这是因为，创造了人和动物的造物神卡瑞亚（Kareya）没有把火给他们，而是把火藏进一个小箱子里，令两个巫婆看守，以防被卡洛克人偷走。郊狼是卡洛克人的好朋友，就答应给他们带些火来。于是，它就和一大群动物一起出发了，其中有狮子[15]，也有青蛙等各种各样的动物。郊狼让这些动物沿着路边站成一线，这支队伍从卡洛克人的住处一直延伸到藏火的那个地方。动物们被根据它们各自的强壮程度排列，最弱小的靠近家乡，而最强壮的则靠近火。然后，它让一个印第安人和它一起去，令这个人藏在小山的山脚下，自己就去找那两个看守火匣子的巫婆，敲开了她们的房门。一个巫婆出来了，郊狼就说："晚上好。"巫婆们也回答："晚上好。"然后它说："外面很冷，你们能让我在火边坐一会儿吗？"巫婆们说："好的，进来吧。"它走了进去，在火边伸展身躯，用鼻子向火焰嗅去，感受到那股热力，非常舒适。郊狼将鼻子贴在前爪上，假装要睡觉，可是却眯着一只眼，注视着老巫婆们。但她们从来不睡觉，无论白天黑夜，郊狼一整晚就这么盯着，却没有办法。

　　第二天早上，郊狼出来对那个藏在山脚下的印第安人说，他必须在它（郊狼）待在里面时对巫婆的房子发起佯攻，假装要去偷火。然后，郊狼

---

[14]　James Mooney, "Myths of the Cherokee," *Nineteenth Annual Report of the Bureau of American Ethnology*, Part i. （Washington, 1900）pp. 240—242.

[15]　无疑指的是美洲狮。

就回去再次让巫婆给它开门,她们没有拒绝,因为并没有想到它是来偷火的,便又让它进来了。它站在离火匣子很近的地方,当印第安人开始向小屋冲锋的时候,巫婆们就从一扇门冲出去追他了,郊狼就趁机咬起一根火把,从另外一扇门逃走了。它差一点就逃脱了巫婆们的注意,但是她们看见了飞起的火星,就开始追火,很快就跟了上来。就在郊狼快要喘不过气的时候,它终于跑到了狮子那里,狮子接过火把又跑向另一个动物。就这样传下去,每一个动物都在巫婆追上之前把火传给另一个动物。

队伍中倒数第二个动物是地松鼠,它拿到火把之后就迅速地跑,使得火烧到了它的尾巴,于是便卷到身后去了,火在它的肩后部留下的小黑点印记,至今仍然看得见。队伍中的最后一只动物是青蛙,但是它根本不能跑,于是便把嘴张大,让松鼠把火扔进去,青蛙一下子就把火吞了进去,然后,它就转身猛地一跳,可是巫婆已经追得很近了,其中一个抓住了青蛙的尾巴(因为它那时还是一只蝌蚪),给扯断了下来,所以青蛙至今也没有尾巴。青蛙屏住呼吸,在水底下游了很久,然后一跃而起,将火吐进了一块浮木里,从此火就保存在那里面了。所以当印第安人用两根木头相互摩擦的时候,就会产生火。[16]

加利福尼亚的托洛瓦印第安人(Tolowa Indians)有一个大洪水的传说:在这场大洪水中,除了两个人,所有的印第安人都淹死了,幸存者是因为逃到了最高山的顶峰才逃过一劫的。可是,当大水退去之后,幸存者们却没有火,后来因他们的繁衍,大地上的人口又多了起来,但是人类仍旧没有火可用,他们忌妒地看着月亮,相信它拥有火,却不愿意分享给人们。这时,蜘蛛族印第安人(Spider Indians)和蛇族印第安人(Snake Indians)就酝酿了一个从月亮那里把火偷来的阴谋。为了实施这个计划,蜘蛛族印第安人用蛛丝缠绕出一个气球,他们用一根很长的绳子把气球拴在地上,等到他们乘着气球升到月亮的轨道时,就将绳子解开。他们到了目的

---

[16] Stephen Powers, *Tribes of California* (Washington, 1877), pp. 38 *sq.* (*Contributions to North American Ethnology*, vol. iii.)

地,可是月亮族印第安人(Moon Indians)觉得他们的来意很是蹊跷,怀疑地看着他们。然而,蜘蛛族印第安人说服了月亮上的居民,说他们来这里只是为了玩赌博。月亮族印第安人们很高兴,就提议马上开始玩。当他们在火边坐下来赌博时,一个之前顺着绳子爬上来的蛇族印第安人来到场地上,突然从火中间跑了过去,在月亮族印第安人们还没从兴奋中回过味来时,就逃跑了。他回到地面上之后,就寻遍了每一块石头、每一根木棍和每一棵树;他碰过的每一样东西从此之后都包含了火,印第安人们都欢欣鼓舞。火被永远保存下来了,蛇族印第安人们对他们自己的成就很是高兴和满意。[17]

　　加利福尼亚的帕姆波莫印第安人(Paom Pomo Indians)认为地上的火源自闪电。他们说,来自天空的原始闪电将火花保存在了木头里,因此现在如果用两块木头相互摩擦,它们就会从中冒出来。[18]

　　加利福尼亚的盖林欧莫罗印第安人(Gallinomero Indians)则相信是郊狼用其前爪抓住两块木头相互摩擦,最先制造出了火;并且还认为,这种聪明的动物后来将火花保存在树干里,一直到今天。[19]

　　加利福尼亚的阿丘马维印第安人(Achomâwi Indians)认为大地是由郊狼和鹰创造的,或更确切地说,是由郊狼开始,并由鹰最后完成的。无论如何,是郊狼将火带到世界上来的,因为印第安人们都快要冻死了,它就去遥远的西方,到了那个有火的地方,将火偷到后放进耳朵里,带了回来。它在群山之中点了一堆大火,印第安人看见冒起的烟,就都来取火。从此之后,他们就保留了火种,有了温暖和舒适的生活。[20]

　　加利福尼亚的尼士纳姆印第安人(Nishinam Indians)说,这个世界以及生活在其上的居民们都是由郊狼创造的,但是在将其创造出来后,人们

〔17〕　S. Powers, *op. cit.* pp. 70 *sq.*
〔18〕　S. Powers, *op. cit.* p. 161.
〔19〕　S. Powers, *op. cit.* p. 182.
〔20〕　S. Powers, *op. cit.* p. 273.

手里并没有火。在西边的地区却有很多火,但是由于它太遥远,并且隐匿了起来,所以没有人能够把火取来。于是,蝙蝠就提议让蜥蜴去把火偷来。蜥蜴同意了,它从那里找到了一些尚好的炭块,可回来的路却很艰辛,因为所有人都想从它那里把火偷走。后来,它来到萨克拉门托谷(Sacramento Valley)的西边,在这里它非常小心,以防把整个地区都烧着。为了不让干草碰到火,还要提防窃贼把这个宝物偷走,它只好在夜里旅行。很不幸,一天夜里当它快到峡谷的东边时,却遇见了一群丘鹤,它们一整夜都在这里赌博。蜥蜴把火握在手里,想从一旁的木头边上悄悄溜走,可还是被发现了,鹤们向它发动追击。它们的腿相当长,蜥蜴逃脱无望,就被迫将草地点燃,使大火在群山中蔓延开来。火势很凶,而蜥蜴必须全速奔跑,抢在大火的前面。蝙蝠看见大火烧过来,却不知如何是好,自己的眼睛竟被烧得半瞎,疼痛难忍。它向蜥蜴尖叫,要它用树脂将自己的眼睛覆盖住,以扑灭上面的火。蜥蜴照着做了,可是它把树脂涂得太厚,蝙蝠什么也看不见了。双目失明的蝙蝠翻来覆去、跌跌撞撞,它急得东飞西碰,把自己的头和尾巴都烧着了,最后就朝着西方飞去了,大叫着:"噢!风啊!向我吹吧。"风听见了,就向它的眼睛吹气,可是却吹不掉所有的树脂,因此蝙蝠的视力至今仍是模糊不清的。又因为它在火里乱撞,使得自己变得黢黑,仿佛被烤焦了一样。[21]

　　加利福尼亚的麦都印第安人(Maidu Indians)说,人们曾经一度找到了火,准备好好利用它,可是雷电想要霸占火,就决定将其从人们那里夺走。雷电心想,如果他能成功,就可以置人们于死地。不久之后,雷电真的把火偷来了,带着它回到了遥远南方的老家。他让沃斯沃斯姆(Wos-wosim,一种小鸟)看守着火,防止被人们偷走。雷电相信,他把火偷走后,人们不能做饭,肯定会死。可是他们却设法熬了过来。他们吃生的食物,有时让图耶斯康(Toyeskom,另一种小鸟)外出去寻找碎肉。这种鸟有一

〔21〕 S. Powers, *op. cit.* pp. 343 *sq.*

只红色的眼睛,长时间盯着肉看,就能像火那样把肉烤熟。但是,只有酋长们才能享用以这种方式烤熟了的肉。

　　所有的人都生活在一个大发酵屋里,这间屋子有一座山那么大。在人们中间,有一只蜥蜴和它的兄弟生活在一起,每天早上它们总是首先出去,在发酵屋的顶棚上晒太阳。有天早上当它们正晒太阳的时候,往西边的海岸山脉(Coast Range)那边一瞧,看见有烟升起来。它们就叫来了所有的人,说在遥远的西方看见了烟。可是人们并不相信,郊狼还走过来向蜥蜴们身上扔了很多土。人们并不喜欢这样,有个人斥责了郊狼不礼貌的行为。人们对蜥蜴们表示了歉意,就向它们询问烟的事,还要它们指明在哪里看见烟的。蜥蜴向那个方向指去,所有人都看见了西边升起的一缕薄烟。有个人就说:"我们怎么才能把火夺回来呢?怎么才能把火从雷电那里要回来呢?他是个坏家伙。我不敢肯定我们能否打败他。"这时,酋长就说:"让你们中间最能干的人去吧。就算雷电是个坏蛋,我们也得把火弄回来。"老鼠、鹿、狗和郊狼都愿意去,可是其他人也想要去。人们就给它们一根长笛带在身上,为的是能把火放在里面。

　　它们走了很远的路,终于接近了雷电的住处,那个保存着火的地方。本该守护着火的沃斯沃斯姆开始唱歌:"我是从不睡觉的鸟。我是从不睡觉的鸟。"雷电付给它小珠子作为报酬,它就把这些小珠子都戴在脖子和腰上。它坐在雷电的发酵屋的屋顶上,就在烟囱的旁边。过了一会儿,人们先让老鼠去试试能不能进去。老鼠悄悄地爬过去,接近了沃斯沃斯姆,看见它的眼睛是闭着的,尽管它在唱歌,可是却睡着了。老鼠发现看守睡着之后,就向门口爬去,然后溜了进去。老鼠蹑手蹑脚地将雷电的女儿们围裙上的腰带都解开了,这样,如果有谁发出警报,这些姑娘们*一旦一跃而起,围裙或衣服就会脱落下来,她们就不得不停下来重新系好。完事之后,老鼠将火放进笛子里,爬了出来,回到了等候它的人们那里。有些

---

　　* 指雷电的女儿们,参见下文。——译者

火被拿出来放进了狗的耳朵里,而笛子里剩下的火则被交给跑得最快的人来携带。鹿也拿了一点火放在了自己的跗关节上,那个地方至今还有一个小红点。

　　一开始的时候,还都顺利,可是当他们走回到半路的时候,雷电醒来了,觉得有点不对劲,就问道:"我的火怎么了?"然后他就一跃而起,发出一阵雷鸣,他的女儿们也蹦了起来;可是,她们的围裙全都滑落了,于是只好坐下再把它们重新系好。等准备好之后,她们就和雷电一道去追火了。他们还随身携带了一场大风、一场大雨和一场夹杂冰雹的风暴,为的就是扑灭人们获得的所有火。雷电和他的女儿们急行军,不一会儿就追上了偷火的人们,可是臭鼬向雷电发射武器,把他杀死了。臭鼬还大声说道:"从此之后你别想再跟踪、杀害我们了,就待在天上当雷电吧。这就是你的下场。"雷电的女儿们并没有继续追下去。人们带着火平安地回到了家里,从此就一直拥有它了。[22]

　　在华盛顿州,也就是毗邻英属哥伦比亚海岸,位于温哥华岛西南端的地区,那些居住于此,或曾经在这里生活的各印第安部落,其官方的名称被统称为乌勒穆齐人(Whullemooch)。在这群人中,年老的人常会讲这样的故事:说在很久之前,他们的祖先还没有火,只能吃生的食物,在黑暗中度过每个漫漫长夜。有一天,当他们坐在草地上吃生肉时,出现了一只有着闪亮尾巴的小鸟,在他们周围飞来飞去。人们先是赞美了它的羽毛,然后就问道:"漂亮的小鸟,你想要什么? 漂亮的小鸟,你从哪来?"小鸟回答说:"我来自一个遥远而美丽的地方,要给你们送来火(hieuc)的祝福。你们在我尾巴上看见的就是火。我要把它送给乌勒穆齐的孩子们,但并不是无条件的。首先,你们要争取到它,才配得上它的价值;其次,做过坏事、用心险恶的人不能碰它。今天你们每人先准备好一些松脂(chum-much),明天早上我会来找你们。"第二天早上,小鸟来了,问道:"你们都

---

[22]   Roland B. Dixon, "Maidu Myths," *Bulletin of thr Amercian Museum of Natural History*, xvii. Part ii, (New York, 1902) pp. 65—67.

准备好松脂了吗?"人们都回答说:"是的。"小鸟说:"那我要飞了。能够捉住我并把松脂放在我尾巴上的人将会获得一份祝福,这种东西能给人带来温暖、熟食,这个人以及乌勒穆齐的孩子们将永远拥有它带来的各种好处。我要飞了。"小鸟飞走了,部落中的所有人,男人、女人,还有小孩子们,都忙乱起来。那些坚持不住的人都撤下来回家去了。人们又累又饿,一个人接近小鸟,差点就抓住它了,可是小鸟逃脱了,还说:"你永远也得不到这份奖赏,因为你太自私了。"小鸟说完就飞走了,另一个人接着追。但是小鸟也不让这个人捉住它,因为这人曾经和邻居的妻子偷情。然后,当小鸟经过一个正在照料生病老人的妇女时,就对她说:"好心的女人,你总是做好事,认为这是你的责任。把你的木头拿来放在我的尾巴上,火是你的了,你值得拥有。"当木头被放在鸟的尾巴上时,它就燃烧了起来。其他人都拿着自己的松脂来找这个女人分享火,从此印第安人就一直都有火了。但是那只把火带来的小鸟却飞走了,再也没有出现过。[23]

温哥华岛西海岸的努特卡印第安人,或称哈特印第安人(Nootka or Aht Indians),有一个火起源的神话,至少有三种版本,是被不同的考察者记录了下来的,呈现并比较一下这三个版本或许是值得的。其中最早的版本是由斯普劳特先生(Mr. G. M. Sproat)公布的,他在这些印第安人中生活了很久,与他们甚为亲密。他生活在巴克雷湾(Barclay Sound)的阿尔伯尼(Alberni),这里是西海岸唯一的非"野蛮人"定居点。周围的地貌以多岩石、多山为特点,覆盖着浓密的松树林。当斯普劳特先生刚在此定居时,当地印第安人的生活风貌还鲜为人知。他所记录的印第安人火起源神话是这样的:

"火是怎么来的。——夸泰特(Quawteaht)创造了大地和各种动物,

[23] James Deans, "How the Whulle-mooch got Fire," *The American Antiquarian and Oriental Journal*, viii. (Chicago, 1886) pp. 41—43. 据说,宋希(Songhie)部落有一个相似的故事,只是相对更为简短。参见 M. Macfie, *Vancouver Island and British Columbia* (London, 1865), p. 456. 麦克菲先生(Mr. Macfie)似乎是从詹姆士·迪恩斯先生(Mr. James Deans)那里获悉这个故事的,他对此曾表示过谢意(p.455)。

但是却没有给它们火。火只在乌贼(Telhoop)的窝里燃烧着,这种动物既能在地上生活,也能在海里生活。森林里所有的动物一起去寻找这种短缺的物质(那时印第安人还都是这些寻火野兽们的样子),它们最终在乌贼的家里找到了火,并把它偷走了,然后由一只鹿(Moouch)将其放在脚踝里运走了。土著人在描述这个有趣的情节时,不仅用嘴说,还用手比划着。这个故事在不同讲述者之间略有分歧:有人断言火是从乌贼的家里偷走的,也有人说是从夸泰特那里拿走的。但火肯定是被悄悄偷来的,而并非是作为赐礼而获得的,这一点在他们之间并没有异议。"[24]

这个努特卡神话的另一个版本是由美国著名民族学家弗朗兹·博厄斯博士(Dr. Franz Boas)记录下来的,故事如下:

在最开始的时候,只有狼群拥有火。其他的走兽和鸟类都很想得到火。很多次努力都失败之后,酋长啄木鸟就对鹿说:"去狼的房子里跳舞,我们会为你伴唱。在你的尾巴上系上杉木树皮,当你靠近火的时候,它就会被点燃。"然后,鹿就去狼的屋子里跳舞,使它尾巴上的树皮着起了火。它本想跳出来逃跑,却被狼捉住,将火从尾巴上扯了下来。后来,酋长啄木鸟又派小鸟塞西斯库姆斯(Tsatsiskums)去,并对它说:"整个部落都会为你歌唱,你肯定能取到火。"于是,啄木鸟和寇提亚斯(Kwotiath)就率领所有的动物去狼的住处。它们在进屋之前先唱了一首歌,进屋之后又唱了另外一首歌。它们又转着圈跳舞,狼群就躺在火的旁边看着它们。有些小鸟在高处跳舞,飞到了椽子上,而狼却没有注意它们,只是关注着火旁边的舞蹈。最后,椽子上的小鸟落在取火的工具上,这些东西一直就放在那里。它们拿起来,又返回舞蹈中,将其传给啄木鸟和寇提亚斯,然后

---

[24] G. M. Sproat, *Scenes and Studies of Savage Life* (London, 1868), pp. 178 *sq.* 斯普劳特先生是在巴克雷湾建立定居点的第一位欧洲人,他驱散了印第安人的营地,占领了那块地方。在这本书中,他还描写了这里荒凉而崎岖的地貌,参见 pp. I *sq.*, II *sqq.* 弗朗兹·博厄斯博士(Dr. Franz Boas)曾简要分析并比较了这些从美国西北部印第安部落收集来的火神话。他总结出二十个版本的这类神话。参见 Franz Boas, "Tsimshian Mythology," *Thirty-first Annual Report of the Bureau of American Ethnology* (Washington, 1916), pp. 660—663.

它俩就安全地返回家里，而其他的动物们则继续跳舞。寇提亚斯到家中之后，就用摩擦的方式来操作这种取火的工具，火星从中迸发了出来。后来它又把火放在自己的脸颊上烧。从此之后，它的脸颊上就有了一个洞。在狼屋里继续跳舞的动物们获悉寇提亚斯已经到家的消息后，它们就发出一声尖叫，跑出了房子。从此，狼群就失去了火。[25]

这个努特卡神话还有一个更完整的版本，是由乔治·亨特先生（Mr. George Hunt）记录的：

很久以前，曾有一个啄木鸟，是狼部落的酋长，它还有一个奴隶，名叫夸提亚特（Kwatiyat）。啄木鸟是这个世界上唯一有火的人，火就保存在它自己的屋里，就连它自己的同族人也都没有火。而它的对手，莫瓦凯瑟（Mowatcath）部落聪明的酋长厄拜瓦雅克（Ebewayak）也不知道该如何从狼部落的这位酋长那里把火取来。

一天，莫瓦凯瑟部落的人听说在啄木鸟的屋里即将举办一场冬季庆典，于是它们便进行了一次秘密的商议。它们决定去啄木鸟的屋里，那个保存着火的地方。啄木鸟在门边的地板上安置了很多削尖的木棍，使得任何人都不可能毫发无损地从中逃走。厄拜瓦雅克酋长在秘密集会上说："朋友们，谁能从啄木鸟那里把火偷来？"鹿说："我能。"这位酋长就取出一些发油放进一个海草瓶里，说："把这个带上，还要带着梳子和这块石头。取得火之后，就赶紧跑；当狼追你的时候，就把石头扔在你的身后、它们的面前，石子就会变成一座大山；如果它们又追得很近，就把梳子扔在身后，它会变成一片密林。当它们穿越密林之后，还会继续追你，当它们靠近你的时候，就倒出发油，它会变成一个大湖。然后你必须继续跑，你会在路边看见一只玉黍螺，你必须把火给它，然后继续逃命。现在，我们

---

[25] Franz Boas, *Indianische Sagen von der Nord-Pacifischen Küste Amerikas* (Berlin, 1895), p. 102. 寇提亚斯似乎是指一种鸟或一种野兽，但是博厄斯博士对此并没有予以说明。在这个故事中，这些鸟和野兽的总称为奇埃米米特（*Kyaimimit*），这个词是用来指那些最初的、还没有变成人的鸟类及其他动物。参见 F. Boas, *op. cit.* p. 98。

给你戴上软杉木树皮,这样你就能粘上火。"它给鹿的每个小腿上都系了一束软树皮,告诉它,在歌声响起时,就必须起身围着火跳舞。它还说:"当第一首歌曲结束的时候,就让它们把烟囱打开,因为你需要新鲜空气;等它们打开烟囱,我们会唱第二首歌,其间你必须用小腿碰火,然后从烟囱跳出去。现在我给你的脚安上这种黑色的硬石头,酋长家地板上那些尖锐的木桩就不会伤到你了。"然后,它就把石头安在了鹿的脚上。

等到密会结束时,已经是夜幕降临,莫瓦凯瑟部落的人们就边唱边向狼部落的舞蹈房走去。鹿走在它们的最前面,还跳着舞。当它们来到门口的时候,狼部落的酋长啄木鸟就说:"不要让莫瓦凯瑟人进来,它们可能会偷走我们的火。"可是它的女儿却说:"我想看跳舞,听说鹿的舞蹈很好,而你又从不让我出去看跳舞。"于是这位酋长就对它的人说:"开开门让它们进来吧,但是要看好那只鹿,别让它太靠近火。等它们进来后,就把门关上,还要插一根横木,让它们逃不出去。"

于是狼就打开门,让那些人进来。它们一边唱着一边走进来。等都到齐后,狼部落的武士们就把门关上,还在上面插了一根横木,并在门前把守着。莫瓦凯瑟的人们就开始给鹿唱第一首舞曲,鹿有气无力地在火周围跳舞。等到第一首歌结束的时候,它就说:"这里太热了,能把烟囱打开通通气,让我凉快一下吗?我浑身都是汗。"狼部落的酋长啄木鸟说:"确实很热,打开烟囱吧,它不可能跳那么高。"它的一个手下就去打开烟囱。这时其他人都安静地等着,让鹿能好好休息一下。

烟囱打开后,来访歌队的领头就开始吟唱,鹿又开始绕着火跳舞。有几次它快要接近火了。每当这时,酋长就会让它的武士告诉鹿,离火远一点。等到歌曲唱完一半时,鹿就一跃而起,从烟囱逃出去,钻进了树林,狼部落的所有武士就开始追它。当鹿跑到一座大山的脚下时,就看见狼群追得近了,它就拿出小石子扔在身后,立刻就化为一座大山,拖延了追逐的狼。鹿跑了很久,狼群又跟了上来,它便向身后扔梳子,梳子变成一片长满荆棘的灌木丛,使得狼群只好绕行。于是鹿又得以领先于狼很久。

过了一阵子，狼群跨过了密林，又追了上来。它们看到鹿就在不远的前方，当它们逼近时，鹿就将发油倒在了地上。在鹿和那些追逐者之间忽然冒出一个很大的湖，鹿就继续逃跑了，而狼群只好先游泳过来。鹿这时离海岸已经很近了，在这里它看见了玉黍螺，就对它说："海螺啊，把你的嘴张开，让我把火藏在里面，不要让狼知道，因为这是我从啄木鸟酋长那里偷来的。不要告诉它们我往哪边跑了。"玉黍螺把火放进嘴里藏好，鹿就继续逃命了。

过了不久，狼群就来到了这里，看见玉黍螺坐在路边。它们问它是否看见一只鹿从这里经过；可是玉黍螺却没有回答，因为它不能张开嘴。它只能闭着嘴发出"喔、喔、喔！"的声音，还指东又指西；于是狼就不知该往哪个方向追了，只好空手回家。从此，火种就在全世界散播开来了。[26]

在最后这个故事版本中，为了能偷到火，酋长先在鹿的小腿上绑上几束杉木树皮，再由鹿借此方式从狼那里将火偷来，然后逃脱掉。啄木鸟不再是偷火贼，而变成了火的拥有者，这个地方是亨特先生版本与博厄斯博士版本的不同之处。而在上一个故事中的寇提亚斯与这里的夸提亚特很可能是同一个人，尽管在一个版本中，夸提亚特是火主人的奴隶；而在另一个故事里，寇提亚斯则是盗火贼的同伙。亨特先生的版本与斯普劳特先生的版本在有一点上是吻合的，即都由鹿来担任偷火的贼；而在博厄斯博士的版本中，鹿虽尝试偷火，却没有成功，最终由啄木鸟和它的同伙把火偷到了手。

凯特罗克人（Catloltq）是温哥华岛上的一支印第安人部落，位于努特卡部落以北的地区。他们也说，人类在很久以前是并没有火的。但是有一个老人，他有个女儿，拥有一副神奇的弓箭，用这弓箭她可以搞定任何想要的东西。但是她很懒，总是在睡觉。于是，她的父亲就很不高兴，对她说："别总是睡啦，用你的弓箭射向大海的中心，我们或许就能找到火

---

[26] George Hunt, "Myths of the Nootka," in "Tsimshian Mythology," by Franz Boas, *Thirty-first Annual Report of the Bureau of American Ethnology* (Washington, 1916), pp. 894—896.

啦。"那个时候,大海的中心是一个巨大的漩涡,摩擦取火时使用的那些木棒就在这里面漂浮着。这个女孩儿用她的弓箭向大海的中心射去,摩擦取火用的工具就跳上岸来了。这个老人非常高兴,他点起一堆大火,为了能自己独享火,他还建了一栋只有一扇门的房子,房门张合的时候,就像咬人的大嘴,把很多想要进来的人都杀死了。人们知道他在那屋里保存着火,鹿决定为他们把火偷来。鹿取来出产树脂的木头,掰开后将木片粘在自己的毛发上。它还将两条船拴在一起,在上面铺上甲板,就朝老人的房子划去,途中它还在甲板上边唱边跳。鹿唱道:"噢,我就要去把火取回来哟。"老人的女儿听见鹿在唱歌,就对她的父亲说:"嘿,让这个陌生人进来吧,它唱歌动听,舞步也很美。"这时鹿也靠岸登陆了,向房门走来,仍旧是边唱边跳。鹿向门口一跃,仿佛是正要进来。可那门忽然猛地关上了,然后却又打开了,鹿就跳进了房子里。它在火旁坐下来,假装是为了烘干自己,同时还在继续唱歌。这时它将头向火弯过去,逐渐都被熏黑了,粘在上面的木片也着起火来了。然后它一跃而起,逃出屋子跑掉了。鹿就这样将火带给了人类。[27]

　　塔塔希寇拉人(Tlatlasikoala)是夸扣特尔印第安人(Kwakiutl Indians)的一支部落,早先生活在温哥华岛的东北端。[28] 他们也有一个相似的故事:讲的是在很久以前,鹿把火偷来后传给了人类。他们说,以前是没有火的,因为纳特利比卡克(Natlibikaq)把它藏起来了。后来,库特纳(Kute-na,美洲腊鸭)就派勒勒寇伊斯塔(Lelekoista)去把火找来。这个使者将一块燃烧的木炭放进嘴里,正要溜走,却被纳特利比卡克看见了,他就问道:"你嘴里有什么东西?"这个偷火的人没有回答,火主人打他的嘴,火就从里面滚落了出来。库特纳第二次又派鹿去取火。鹿在自己的毛发上粘上干木条后,就出发去纳特利比卡克的住处,来到门口后,它就站在那

---

〔27〕 Franz Boas, *Indianische Sagen von der Nord-Pacifischen Küste Amerikas*, pp. 80 *sq.*

〔28〕 F. W. Hodge, *Handbook of American Indians North of Mexico* (Washington, 1907—1910), ii. 763.

里唱歌:"我来取火哟,我来取火哟。"然后它就走进屋里,绕着火堆跳舞,并把头伸进火里,这样那些粘在它毛发上的木条就着起火来。鹿逃走了,纳特利比卡克在后面追着要把火夺回来。可是鹿对此早有准备,当纳特利比卡克快要追上的时候,它就拿出一些油脂扔在身后的地上。这些油瞬间就变成了一个大湖,使得追在后面的那位只好绕了个大弯。可纳特利比卡克并没有放弃,他很快又追上来了。鹿就把一些毛发扔在后面的地上,这些毛发瞬间就变成了长满小树的密林,使得纳特利比卡克无法通过,他就只好再绕一圈,鹿又遥遥领先了。后来纳特利比卡克又快要追上鹿了,鹿就将四块石头扔在身后,变出了四座高山。在纳特利比卡克跨过大山之前,鹿就到达了库特纳的房子。纳特利比卡克站在门前哀求说:"噢,至少还给我一半的火吧。"可是库特纳并没有理睬他,于是纳特利比卡克就只好空手而归了。然后,库特纳就将火传给了人类。[29]

在夏洛特皇后湾(Queen Charlotte Sound),英属哥伦比亚对岸的温哥华岛的东北海边,居住着夸扣特尔印第安人。他们也同样认为最早给人类带来火种的,是一只鹿,或以鹿为躯的一位英雄。和温哥华岛上的这些部落民所讲的故事类似,这个神话是这样的:是堪尼克拉克(Kani-ke-laq)把火偷来交给印第安人的。拥有火的那位酋长住在"白天之边",也就是太阳升起的地方。当酋长的朋友们正在围着火跳舞时,长着鹿模样的堪尼克拉克也加入了进来,还在鹿角上绑了一束树脂木头。外面的朋友们发出了信号,它低下头,使得木棍被点燃,然后从火上一跃而过,从房子里冲了出来,被偷来的火散落得到处都是。人们就在后面追它,它的朋友们在路上放了许多很大的比目鱼,把那些追赶的人都绊倒了。鹿的尾巴之所以是黑色的,就是因为被火灼烧过的缘故。[30]

在夸扣特尔人的另一个神话中,最早给人类带来火的动物并不是鹿,

[29] Franz Boas, *Indianische Sagen von der Nord-Pacifischen Küste Amerikas*, p. 187.

[30] George M. Dawson, "Notes and Observations on the Kwakiool People of Vancouver Island," *Transactions of the Royal Society of Canada*, vol. v. section ii. (1887) p. 22.

而变成了貂。据说貂准备去和妖怪（*Lalenoq*）大战一场。它悄悄溜进妖怪首领的屋里，将这位酋长的孩子从摇篮里掳走。当酋长发觉后，马上开始追击，但是在追上之前，貂就已经逃回自己的屋子，锁上了大门。妖怪的酋长向貂恳求道："噢！把我的孩子还给我吧。"可是貂并不答应，这位酋长就只好用火来交换孩子。这样，人类就有了火。[31]

在夸扣特尔人所在地以北的英属哥伦比亚海岸上，居住一个名为阿维克诺克（Awikenoq）的印第安人部落，他们和温哥华岛上的努特卡人和夸扣特尔人一样，也认为最早把火偷来的是鹿。他们说，在大乌鸦将被囚禁的太阳释放出来之后，神灵诺考阿（Noakaua，"智者"）和马萨马萨拉尼克（Masamasalaniq）就从天上下来，把地上的所有事物都完美地创造出来。在诺考阿的要求下，他的同伴马萨马萨拉尼克从水中分离出陆地，又创造了大肥鱼，也就是细齿鲑[32]，还用杉木雕刻出男人和女人。后来，诺考阿又想："噢，萨马萨拉尼克应该去找些火来吧。"可是他的这位同伴却不愿意。于是，诺考阿就派貂去火主人的家里。貂悄悄地将火藏在嘴里，正要溜走，火主人就问道："你要去哪？"可是貂却不能张嘴说话，因为里面藏着火。火主人就冲着它的脸颊扇了一巴掌，使它将火吐了出来。貂没有完成任务，诺考阿又派鹿去。鹿先去找马萨马萨拉尼克，要将自己的腿变得又细又敏捷。诺考阿就想："噢，马萨马萨拉尼克应该在鹿的尾巴上粘上冷杉树的木料。"于是马萨马萨拉尼克就在鹿尾巴上粘上那种木头。鹿迅速地出发了。它来到那所有火的房子，在火的周围绕圈跳舞，还唱着"我来这里寻找光明哟！"的歌。突然间它转身背对着火，使得尾巴上的木头被点燃，然后就逃跑了，燃烧着的木头从它的尾巴上掉到地上，散落得到处都是，人们就小心地将之保存好。鹿在经过树林时，还对树木大喊"把火藏好"，树木就将火储存起来，它们从此就能够燃烧了。[33]

---

〔31〕　Franz Boas, *Indianische Sagen von der Nord-Pacifischen Küste Amerikas*, p. 158.

〔32〕　太平洋细齿鲑（oolachan 或 oulachan）就是美国西北部的蜡鱼（*Thaleichthys pacificus*）。

〔33〕　Franz Boas, *Indianische Sagen von der Nord-Pacifischen Küste Amerikas*, p. 213 *sq.*

和许多神话一样,这个盗火传说在这里也顺便解释了摩擦木头可以取火的原因。

在阿维克诺克人居住地以北的英属哥伦比亚海岸地区,生活着名为黑尔苏克(Heiltsuk)的另一支印第安部落。他们说,鹿实际是一个人,其以前名字有举火炬者的意思,这是因为它将木头绑在尾巴上,然后偷来了火。[34]

从黑尔苏克部落那里再向北,是英属哥伦比亚海岸的另一个印第安人部落——钦西安人(Tsimshian)。他们关于火起源的神话本质上也与上面的相同。他们说,在世界太初之时,有一位伟大的神灵,名叫太玛塞姆(Txamsem),或称巨人。他做了很多神奇的事情,比如给深陷于黑暗中的世界带来光明。他还从父亲那里得到一张乌鸦毯或乌鸦皮毛,无论何时,只要他将其披上,就能像乌鸦那样在空中飞翔。其实,我们可以将这位巨人看做是乌鸦本身。我们也将看到,他在更北边的印第安人火神话中扮演了重要的角色。在钦西安人的神话中即是如此,他们说,当世界上的人口逐渐多起来时,人们发现自己的生活并不快乐,因为他们没有火,没法做吃的,冬天也不能取暖。巨人就想到,动物们的村子里有火,于是便决定为人类把火取来。他披上那件乌鸦毯子,就去了它们的村子,可是这村里的动物却拒绝将火与他分享,还将他轰了出去。他千方百计地想要把火弄来,可是都失败了,这些动物根本不想把火给他。

最后,他派出自己的助手海鸥去给这些动物稍口信,这个口信是这样的:"有一位相貌俊美的年轻酋长很快要来拜访你们,还要在你们酋长的屋子里跳舞。"然后整个部落就开始为迎接这位酋长做准备。而巨人则捉住一只鹿,将它的皮剥了下来。那时候,鹿的尾巴还是长的,就像狼的尾巴一样。巨人就在这长长的鹿尾巴上系上有树脂的木头,然后又从大鲨鱼那里借来了独木舟,就出发去那个村子了。村子的酋长在自己的屋里

---

[34] Franz Boas, *Indianische Sagen von der Nord-Pacifischen Küste Amerikas*, p.241.

生了一堆很大的篝火。这个大鲨鱼的独木舟里装满了乌鸦和海鸥,巨人穿着鹿皮坐在中间。所有的动物都来了,它们生起了很大的一堆火,前所未有过的大火,酋长的大房子里挤满了部落的成员;而客人们则坐在房间中的一侧,准备唱歌。年轻的酋长开始翩翩起舞,而他的同伴们就用木棍打着拍子,其中还有一只鼓。它们齐声合唱,有些鸟还击掌助兴。

鹿走到门口。他环顾四周然后进来,绕着大火跳起舞来。大家都兴致勃勃地观赏他的舞姿。最后,他将鹿尾巴在火中摇摆,使得上面的树脂木头着起火来。带着尾巴上的火把,他逃了出去,在水中游泳。他所有的同伴也都从屋里飞了出去,大鲨鱼的独木舟也离开了。那些家伙想要追上鹿,把他杀死,而他则跳进水里,疾速地游泳,尾巴上的树脂木头仍然在燃烧。当他到达一个小岛后,就快速登岸,然后将尾巴粘在一棵冷杉树上,并对它说:"你要永远地燃烧下去。"就是因为这个原因,鹿的尾巴才变得又黑又短。[35]

我们在这个故事中或许可以注意到两个不同版本火神话的融合,在其中的一个版本中,火是被鹿偷走的,在另一个中则是被乌鸦偷走的;而讲述者曾明确地告诉我们,火是由一只会跳舞的鹿偷走的,而他之前也说,跳舞者实际上是一个专门为此披上鹿皮的巨人,平时他则穿着一张乌鸦毯子或乌鸦毛皮。钦西安人特殊的地理位置或许可以解释这两个版本的融合:他们所居住的海岸地区夹在南部印第安人(努特卡人、夸扣特尔人等)与北部印第安人(海达人[Haida]、特领吉人[Tlingit]、汀纳人[Tinneh])的领地中间。在南部印第安人中,火神话中的英雄一般都是鹿,而在北部印第安人那里却是乌鸦。因此,在钦西安人的神话中,我们看见了两个不同版本的融合,以及将它们相协调的尝试。

但是,在我们将注意力转向北部的印第安人之前,仍旧要继续探讨英

---

[35] Franz Boas, "Tsimshian Mythology," *Thirty-first Annual Report of the Bureau of American Ethnology* (Washington, 1916), p. 63. 关于巨人、他的乌鸦毯或乌鸦皮毛、他创造白天的故事,可见该书 pp. 58 *sqq*。

属哥伦比亚南部印第安人的各种火神话,他们绝大部分都生活在该地区的内陆,属于塞利希语族(Salish Stock)。现在我们从塞利希语族的主要分支开始,即通常被称为汤普逊印第安人的那些部落,他们因居住在汤普逊河(Thompson River)的河谷里而得名。

汤普逊印第安人说,在最开始的时候,人们是没有火的,只能靠太阳把食物烤熟。那时候,太阳比现在热多了,当人们想要烤食物时,就将它朝太阳举起来,或者把食物摊开放在阳光下。但是,这种方法还是不如火方便。海狸和鹰就决定到处找找,看看世界上是否存在火,如果可以,就为人们把火取来。它们在大山中修炼,最终使自己掌握了各种"魔力",魔法使它们拥有了千里眼,可以将远及天边的全世界尽收眼底。它们发现,在里顿(Lytton)那边有一座小屋,里面有火,于是它们就开始制订计划。它们从弗雷泽(Fraser)河口出发,离开家乡,向上游走去,到达了里顿。[36] 鹰飞到天上,发现了一枚淡水蛤的壳,就把它捡了起来,海狸则来到人们在溪边打水的地方。这些人住在地下的一个小屋里。有些女孩早上来到溪边打水,看见有只海狸在那里,就匆忙地跑了回去。然后,一些男人就出来,拿着弓箭射它,并把它抓到屋里。这些人开始剥海狸的皮。这时,海狸就想:"噢,我的哥哥呀! 它怎么还不来,我就要完蛋了。"就在这时,鹰出现在梯子上,人们看见它后就急忙向它射箭,把海狸忘在一边了,这是因为,他们的箭虽能射中鹰,它却总是毫发无损,而海狸就借机将屋里灌满大水。混乱中,鹰将贝壳扔进火里,海狸就迅速地将火填进贝壳,然后夹在了腋下,又从水中逃脱了。它将火传遍了所有地区。从此之后,印第安人就可以从树中取火了。有人说,海狸将火放进它栖息地附近的各种树里;而鹰则去远离河流湖泊的高地和远方,将火放进了这些地方

---

[36] James Teit, "Mythology of the Thompson Indians," *The Jesup North Pacific Expedition*, vol. viii. Part ii. (Leyden and New York, 1912) pp. 229 *sq.* (*Memoir of the American Museum of Natural History*).

的树木中。[37]

　　这个汤普逊故事还有另外一个版本,与上一个仅在细节上有些不同,故事如下:尼古拉与斯宾塞桥(Nicola and Spences Bridge)这一带的人们没有火,也没有办法取出火来,因为那时的树木还不能燃烧。可是,里顿的人们却有火。于是,"海狸""黄鼠狼"和"鹰"就决定从里顿人那里把火偷来,这些人住在汤普逊河河口附近的小溪边。"海狸"先出发,在河上建起水坝,而"鹰"和"黄鼠狼"则去山里修炼。第四天,当他俩练得大汗淋漓的时候,"黄鼠狼"的守护神就出现了,这守护神长着今天黄鼠狼这种动物的样子,它走进他的发酵屋之后,就把自己的身体切开,让他进到了这黄鼠狼之躯中。"鹰"的守护神也以一只老鹰的形象出现在其发酵屋里,让"鹰"进入自己的身体,于是他就变成了一只鸟的样子。

　　鹰说:"我要飞翔起来,去看看我们的兄弟海狸。"黄鼠狼也说:"我要沿着山脉跑,去看看我们的兄弟海狸在干什么。"当它们来到里顿时,发现已经刻不容缓,因为海狸已经被当地人抓了起来,他们正要把它杀死。鹰俯冲下来,落在地下房屋的梯子上,而黄鼠狼则迅速地在屋子下面挖了一个洞,使得水可以倒灌进来。人们匆忙向鹰射箭,顾不上海狸了,更没有看见黄鼠狼。人们无法击中鹰,恼羞成怒。这时,由海狸先前储蓄起来的水从黄鼠狼挖出的洞中灌了进来,给这里来了一个"水漫金山"。趁着一片混乱,海狸抓起一根火把,放进贝壳里,然后就逃跑了。

　　等它们仨回到家,海狸就给人们生起火,鹰则给他们演示如何做饭,如何烤食物,黄鼠狼则教给他们如何用石头来烹煮食物。它们还将火向各种树木扔去,从此之后,所有的木头就都能燃烧了。[38]

　　在这个版本中,我们可注意到存在着一种将神话故事现实化的表述

―――――――――――

[37] James Teit, *Traditions of the Thompson River Indians of British Columbia* (Boston and New York, 1898), pp. 56 sq., with note[181] on p. 112.

[38] James Teit, "Mythology of the Thompson Indians," *The Jesup North Pacific Expedition*, vol. viii. Part ii. pp. 338 *sq*.

方式,即说故事中的"鹰"和"黄鼠狼"并不是真正的鹰和黄鼠狼,而仅仅是名叫鹰和黄鼠狼的人,他们为了偷火而暂时地幻化成鹰和黄鼠狼的样子。这种对古老故事的解释,透露出了后来人们思考的变化,他们对动物能点燃并使用火的可能性产生了怀疑。

汤普逊印第安人还有一个故事,说的是他们的祖先从太阳那里获得了火。故事说,很久以前,在海狸和鹰还没有偷来火之前,在木头将火保存起来之前,人们根本没有办法造火。那时他们生活在寒冷中,就派出使者去找太阳要火。这些使者走了很长的路。当使者们带来的火被用光时,他们就继续从太阳那里要更多的火。从太阳取来的火是非常热的。有人说,使者将火放进贝壳中间带回来,也有人说是放进别的什么东西里。据说,有的人有特殊的能力,可以不用到太阳那里就把火和热取来,他们是从阳光中汲取这些东西的。[39]

除此之外,汤普逊印第安人还有另一个与众不同的火神话,其中,第一个把火偷来的角色成了郊狼。这个故事是这样的:郊狼站在一个山顶上,看见南边的远方有一道光。起初它并不知道那是什么,但在经过一番占卜之后,它了解到了那是火。它决定去把火取来,有些同伴愿意和它一起去。狐狸、灰狼和羚羊等各种善于奔跑的家伙都和它一起出发了。走了很长的路后,它们终于来到火族人的房舍前。它们说:"我们来拜访你们,来跳舞,来游戏,来赌博。"它们用一整夜来准备舞蹈。郊狼用产脂黄松的木屑做了一个头饰,上面还有长长的杉木流苏,一直拖到地上。火族人首先开始跳舞,那时火光还不是很旺盛。然后轮到郊狼和它的族人绕着火堆跳舞。它们说火太小了,什么都看不清楚,于是火族人就生了一把大火。郊狼又继续抱怨了四次,最后使他们将火燃得更大了。郊狼的同伴们假装热得受不了,出去乘凉。实际上它们都做好了逃跑的准备。只

〔39〕 James A. Teit, "Thompson Tales," in *Folk-tales of Salishan and Sahaptin Tribes*, edited by Franz Boas (Lancaster, Pa., and New York, 1917), pp. 20 *sq.* (*Memoirs of the American Folk-lore Society*, vol. xi.).

有郊狼留了下来,它大幅度地舞动,直到头饰也着起火来。它假装非常害怕,让火族人帮它扑灭。他们就警告它,跳舞时不要离火太近。等到它靠近门的时候,就将头饰上的长条流苏在火中划过,然后逃了出去。火族人都在后面追它,它就将头饰交给羚羊,羚羊跑远后又将其传给下一个奔跑健将,它们就这样轮流接力地把火带走。火族人则抓住一只动物就杀死一只,最后只剩下郊狼了。当它快要被逮住的时候,就躲在一棵树的后面,并把火交给了树。火族人找了半天,怎么也找不到它。他们召唤来大风,将落在这里的树皮都点燃了,让大火将草地也烧光。他们说:"郊狼将被烧成灰烬。"郊狼却趁着冒起的浓烟逃走了。大火在整个地区蔓延开来,烧死了很多人。郊狼呼唤来一场大雨,造成了洪水,终于将火熄灭了。从此之后,火就储存在树里了,运用树木和草料就能取出火来。同样,易燃的干杉木树皮可以用来当引线。产脂树木也是这样,很容易点燃,可以用来生火。打这时起,世界上就有了火和烟,这两样东西总是相伴而生。[40]

　　显然,这个故事和我们在新墨西哥、犹他和加利福尼亚等更南地区的印第安人那里所发现的诸神话属于同一系列。这类神话的标志是以郊狼为盗火贼,并且在它偷来火之后,还将其传给一长队的动物奔跑者,这些动物也相互接力,每一个都在前面那位精疲力竭时将火接过来。[41]

　　在西侧与汤普逊印第安人接壤的利洛瓦特印第安人(Lillooet Indians)也有一个火起源的神话,与汤普逊神话中的一种很接近。这两种故事的相似并不令人惊奇,因为利洛瓦特人不仅是汤普逊人的近邻,而且也属于塞利希语族,讲着非常相似的语言。[42] 他们的神话版本是这样的:

　　"海狸""鹰"以及他们的妹妹,一起生活在利洛瓦特地区。他们没有

---

〔40〕 James A. Teit, "Thompson Tales," in *Folk-tales of Salishan and Sahaptin Tribes*, edited by Franz Boas, p.2.

〔41〕 See above, pp.139 *sq.*, 142 *sqq.*, 153 *sq.*

〔42〕 James Teit, "The Lillooet Indians," *The Jesup North Pacific Expedition*, vol. vii. Part v. (Leyden and New York, 1906) p.195 (*Memoir of the American Museum of Natural History*).

火,只能吃生的食物。没有火来烤晒干的鲑鱼皮,妹妹便总是哭泣、抱怨。看到她哭得那么伤心,哥哥们就很同情她,便说:"不要哭! 我们会为你找来火。我们先去修炼一段时间,我们不在时,你必须注意不要哭,也不要抱怨,否则我们的努力就会失败,我们的修炼也就白费了。"

两兄弟离开妹妹,就去山里修炼了,他们在那里待了四年的时间。结束之后,回来看妹妹,知道她在他们离开后一点也没有哭,就告诉她说,他们要去找火了,因为他们现在已经知道火在哪里,也想好了把火取来的办法。

经过五天的行程,他们来到了一幢房子[43],那里的人们是火的拥有者。兄弟俩中的一个就把自己装扮成鹰的样子,另一个则装扮成海狸的样子。变成海狸的那个人就来到小溪边筑起水坝,到了深夜它又在那些人房子的下面挖出来一个洞。第二天早上,它在水坝造成的水池中游泳,一个老头看见了,就向它射箭。他把海狸抓进屋里,放在火的旁边,让其他人把它的皮扒下来。当人们剥它的皮时,发下它的腋下夹着什么硬硬的东西,那是海狸预先藏在这里的一个蛤壳。就在这时,人们看见一只又大又漂亮的鹰落在附近的一棵树上。这些人急于想猎杀它,取得它的羽毛,于是他们就跑出去向它射箭,可是没有人能够射中它。这时海狸却被独自留在了屋里,它将火放进蛤壳里,从事先挖好的那个洞里逃跑了。水这时已经流到房子附近了,它很快地游了进去,带着战利品溜走了。

当鹰看见它的兄弟已经安全脱身之后,也飞走与它会合,然后它们就朝着家的方向走去。当鹰疲倦时,就落在海狸的肩上休息。它们到家之后,就把火给了妹妹,现在她终于变得高兴起来,不再抱怨了。[44]

利洛瓦特印第安人还有另外一个火起源的故事:乌鸦和海鸥是要好的朋友,都住在利洛瓦特这个地方。乌鸦有四个仆人,它们是蠕虫、跳蚤、

[43]　绝大多数印第安人的信息报道人都说这个房子是在地下的,而也有些人说它是在海边。

[44]　James Teit, "Traditions of the Lillooet Indians of British Columbia," *Journal of American Folklore*, xxv. (1912) pp. 299 *sq.*

大虱子和小虱子。那时候全世界还是一片黑暗，这是因为海鸥将阳光据为己有，放在了一个盒子里，除了自己使用之外，从不把阳光拿出来。然而，乌鸦用计将盒子打破，使得阳光布满了世界。现在乌鸦有了阳光，但是还没有火。

后来，乌鸦从它的屋顶上向外张望，看见南方的海滩上有烟升起来。第二天，它就和仆人们登上小虱子的独木舟，可是船太小了，它们都困在了里面无法航行。第三天，它们又尝试大虱子的独木舟，仍然很小。乌鸦又试了其他仆人的独木舟，都是这样。乌鸦就让妻子去找海鸥借大独木舟，想用此将火找来。在它借到大独木舟之后的那天，就和仆人们一道出发了。它们沿着河水划了四天，到达了火主人们的房子。

这时，乌鸦问它的仆人，哪位愿意去把火主人的女婴偷来。小虱子愿意去，可是其他人却说："你动静太大，会吵醒那些人。"大虱子说它愿意去，可是被同样的理由拒绝了。然后跳蚤说："我去吧。我一跳就能抓住那小孩，再一跳就能跑出来，人们根本抓不住我。"可是其他人却说："你还是会弄出响声，我们不想让这些人发现。"蠕虫这时说话了："我在地上挖一个洞，然后慢慢地、悄悄地进去。我会从婴儿摇篮下面的地上钻出来把她偷走，而不惊动任何人。"大家都觉得这是最好的方案，就同意了蠕虫的计划。于是，那天晚上蠕虫就挖了一个洞，把婴儿偷走了。等蠕虫带着孩子回来后，这伙人就登上独木舟，迅速地向家划去了。

第二天一早，人们发现孩子没了，其中聪明的人想到了事情的原因。他们迅速追赶，却没有追上乌鸦和它的仆人。鲟鱼、鲸鱼和海豹走了很远、找了很久，最后什么也没发现，只好回家。有一只小鱼[45]发现了独木舟的踪迹，就跟了上去。它粘在独木舟的桨上，想要拖慢这条船，最后却精疲力竭，也回家去了。孩子的母亲召唤出一场大雨（据说是由她的眼泪造成的），希望这雨能困住那些小偷，可是也没有成功。乌鸦带着婴儿回

---

〔45〕 据说是生活在海里的一种多刺的鱼。

到了自己的地盘,孩子的亲属们听到消息后,就带着许多礼物来到乌鸦的住处;可是乌鸦却说,它不想要这些礼物,于是孩子的这些亲人就只好空手而归了。

第二次,他们又带着礼物来找乌鸦,可还是没有成功。就这样,他们来了四次,每次都带来更贵重的礼物,但都被乌鸦拒绝了。然后他们就问乌鸦想要什么,它回答说:"火。"这些人便说:"你怎么不早说呢?"他们很高兴,因为火对他们而言并不是什么宝贵的东西,他们有很多的火。于是,他们便回去给乌鸦取来了火,把孩子换了回去。鱼族人还教会乌鸦如何用干的木棉树树根来取火。乌鸦很高兴,对海鸥说:"要不是我从你那里偷来了阳光,怎么能看见火在哪里? 现在我们有火又有光,这些都是好东西。"于是乌鸦就把火卖给每一个想拥有火的家庭,代价是要用一个女孩来交换。此后乌鸦便拥有了很多的妻子。[46]

我们在夸扣特尔人的神话中也看到过类似的情节,貂将孩子偷来,然后换取到了梦寐以求的火。[47]

博厄斯博士在弗雷泽河的下游还发现另一个利洛瓦特神话,也是讲用交换的方式取得了火,但具体的方法却并不相同。这个故事是这样的:

海狸将火给了妖怪们。人类却不知道该怎么得到火,最后就派小水獭[48]去取火。小水獭从它奶奶那里借来一把小刀,藏到了斗篷下面,就出发去妖怪的住处。到了它们的房子之后,它就进去,看见里面的人正在跳舞。舞蹈结束之后,妖怪们想要冲澡。小水獭就说:"等一下,我给你们拿水来。"它拿着桶来到河边。当它带着满满一桶水回来的时候,经过房子里的一处火堆,它假装绊倒,把水泼到了火上,将其熄灭了。"噢!"它大呼:"我绊倒了。"然后又说要回去再装满水。等它回到房子时,经过另

---

[46]　James Teit, "Traditions of the Lillooet Indians of British Columbia," *Journal of American Folklore*, xxv. (1912) pp. 300—303.

[47]　See above, p. 167.

[48]　*Kaig*, 德语为 *Nerz*。

一个火堆,它又将水泼到上面,把火熄灭了。这时屋里就变黑了,小水獭就抽出刀子,把妖怪首领的头砍了下来,然后它又在那被斩首头颅的脖颈处洒满炉灰来防止其流血,之后便带着这颗头打道回府了。可是,在妖怪们重新点燃篝火之前,流出的血已经将炉灰浸湿了,酋长的母亲发觉了这些。当妖怪们再次将火生起时,就看见了酋长的头已经不见了。这死去酋长的母亲就说:"明天去找小水獭,把头赎回来。"于是,它们就出发去小水獭的住所。这时,小水獭已经为自己建了十座房子,还让它的奶奶给自己缝制了十件不同的衣服,这使妖怪们以为这里必定居住着很多的人。当妖怪们到来后,就对小水獭的奶奶说:"我们来用袍子换酋长的头。"可是她回答说:"我孙子并不想要袍子。"然后它们又拿出弓箭,可是老太太还是拒绝了。妖怪们哭泣了,树也和它们一起哭泣,十分悲伤,这些树的眼泪就变成了雨。最后,妖怪们将取火木钻送给小水獭。老太太同意了,将头颅还给了它们。从此,人类就有了火。[49]

　　塞奈缪克,或称纳奈莫(Snanaimuq or Nanaimo)是一支居住在温哥华岛东南部纳奈莫港和纳奈莫湖一带的塞利希语族部落,[50]他们也有一个相似的、用婴儿交换来火的故事。故事说,很久以前人类是没有火的。貂决定去把火取来,为此,它就带着奶奶出发去找那个有火的酋长。它们偷偷靠岸,趁着黑夜向房子摸去,那时酋长和他的妻子正在睡觉。可是小鸟泰格雅(Tegya)这时正在哄婴儿睡觉。当貂打开门的时候,小鸟就听见了门的响声,便发出"吡! 吡!"的叫声,想要叫醒酋长。可是貂却轻声地说:"睡吧! 睡吧!"小鸟就睡着了。然后,貂就走进屋里,从摇篮中偷走了婴儿。它迅速地回到船上,它的奶奶正在那里等它,会合后,它们就划着船回家去了。每经过一个村子的时候,奶奶就掐这个小孩,惹得他号啕大哭。最后它们抵达了塔拉特克(Tlaltq,纳奈莫对岸的加比奥拉岛 [Gabriola Island]),貂在那里有一所大房子,只有它和奶奶生活在里面。

---

〔49〕 Franz Boas, *Indianische Sagen von der Nord-Pacifischen Küste Amerikas*, pp. 43 *sq*.

〔50〕 F. W. Hodge, *Handbook of American Indians*, ii. 23.

第二天早上,酋长发现自己的孩子没了,顿时悲痛万分。他划着独木舟出去寻找,每到一个村子时就问:"有没有见过我的孩子? 有人把他偷走了。"人们就回答说:"昨天夜里貂从这经过,它的独木舟里有孩子的哭声。"然后酋长就向塔拉特克的方向划去。貂预料到他会来,当看见他远远靠近的身影时,就找来很多顶帽子,将其中一只戴在了头上,然后来到房前跳舞,而它的奶奶则给它打拍子、唱歌助兴。过了一会儿,它迅速奔回屋里,戴上第二顶帽子,出现在另一扇门前,还换了一套跳舞的姿势。最后,它又从中间的门出来,手中抱着酋长的孩子。酋长并不敢对貂发动袭击,因为他以为屋子里有很多的人。他说:"把我的孩子还给我,我会给你很多铜盘。"[51]可貂的奶奶却对它大喊:"不要同意!"最后,酋长又给它取火木钻,在奶奶的建议下,貂接受了这笔交易。酋长得到孩子后就回家去了,而貂则生起很大的一堆火。从此人们就有了火。[52] 这个故事与夸扣特尔人那个比较简短的版本在根本上是一致的。[53]

奥卡纳肯印第安人(Okanaken Indians)也有一个关于火起源的故事,他们是英属哥伦比亚最靠东侧的塞利希语族分支。但是他们并不仅限于这个省,因为其生活区一直向南延伸到美国境内,两国的边境线将他们分成了两个相当的分支。[54] 他们的火起源神话是这样的:

很久以前没有火,人们就凑在一起商量该怎么找到火。他们琢磨着,觉得最好的方法是爬到上面的世界去找找。他们决定制造出一串箭链(a chain of arrows)。于是,人们就向天上射了一支箭,可是它并不是很牢靠。这些人一个接一个地试过了,想要把箭射上去,稳稳地扎在天上,可是没有一个人成功。最后,一只小鸟(tsiskakena)把自己的箭稳准狠地射

[51] 铜盘在美洲西北部印第安人看来,或曾经看来,是非常贵重的东西。

[52] Franz Boas, *Indianische Sagen von der Nord-Pacifischen Küste Amerikas*, p. 54. 博厄斯博士还记录了与这个神话非常相似的另一版本的故事(pp. 54 *sq.*)。

[53] See above, p. 167.

[54] C. Hill Tout, "Report on the Ethnology of the Okanaken of British Columbia," *Journal of the Royal Anthropological Institute*, xli. (1911) p. 130.

了上去,它还使最后一支箭保持在一个特定的位置,让其他人的箭可以连接在上面。当箭链制造完成后,人们就顺着它爬了上去。他们现在又开始商量取火的最好方案,最后得出的计划是:海狸先游到水里,让那时正在水边捕鱼的火族人把它抓住;当海狸被他们扒皮的时候,鹰再飞过去吸引人们的注意,把他们从海狸那里引开,海狸就可以趁机取得火然后逃脱了。根据这个计划,海狸就来到火族人打渔的河里,让他们把自己捉去。这群人立刻把它带回家里,准备剥它的皮。当他们刚刚切开海狸的毛皮时,鹰就飞来了,吸引了他们的注意。所有人都拿起弓箭去追鹰,想要把它射下来。趁这时,海狸就跳起来,把一些火放进刚才被切开的毛皮里,然后就与鹰会合,一起回到了它的同伴们那里。现在,为了谁先下去的问题,它们争得有点激动,在推搡中,箭链断掉了,而其中的一些人还没有下去,就只好往下跳。鲶鱼摔进了一个洞里,把下巴磕得粉碎。亚口鱼脑袋栽地,里面的骨头全碎了,于是其他的动物就只好为它的新脑袋各自贡献一枚自己的骨头。所以,鲶鱼才长了一张奇怪的嘴,而亚口鱼有着与众不同的头颅。[55]

桑波尔印第安人(Sanpoil Indians)也有一个相似的故事,仅是在细节上稍有不同,这支印第安人也属于塞利希语族,生活在华盛顿州大转弯(Big Bend)以南的桑波尔河与哥伦比亚河一带。[56] 他们说,很久以前下了一场很大的雨,把世界上所有的火都熄灭了。动物们在一起商量,决定向天空开战,把火要回来。到了春天,它们就开始行动,试图把箭射到天上去。郊狼第一个射,没有成功。最后,黑顶山雀将箭射到了天上,它继续射,制造出了一条箭链,动物们就顺着它爬了上去。最后一个向上爬的是灰熊,但是它太胖了,把链子扯断了,于是就没有和其他动物一起上去。

等到这些动物们到了天上,发现自己置身于一个湖泊旁的山谷里,天

[55]　C. Hill Tout, "Report on the Ethnology of the Okanaken of British Columbia," *Journal of the Royal Anthropological Institute*, xli. (1911) p. 146.

[56]　F. W. Hodge, *Handbook of American Indians*, ii. 451.

上的居民就在这个湖里打渔。郊狼想要先侦查一下,不料成了俘虏。麝鼠在湖边的滩涂上挖出来一个洞,然后海狸和鹰就出发去找火了。海狸钻进一个捕鱼陷阱里装死。人们就把它带到酋长的屋里,准备把它的皮剥下来。这时,鹰落在了帐篷旁边的一棵树上。人们看到它后,就都冲出屋子,这时海狸就迅速地将一个贝壳里装满燃烧的炭块,带着它逃走了。它跳进湖水里,人们则用渔网来捉它,可是湖水却顺着麝鼠挖的洞流走了。动物们逃回箭链那里,发现它已经断了。于是,每只鸟就背起一只四足动物,飞了下去,只有郊狼和亚口鱼还留在天上。郊狼在四爪上各绑了一片水牛皮,就跳了下去,它借助着牛皮滑翔,最后落在了一棵松树上。第二天当它想要卸下自己的翅膀时,却发现它们已经摘不下来了,郊狼就变成了一只蝙蝠。亚口鱼只有自己往下跳的份,摔了个粉身碎骨。动物们又把它的骨头安在一起,可是其中一些已经找不到了,它们就把一些松针插在它尾巴上。从此,亚口鱼就有了很多骨骼。[57]

现在,对英属哥伦比亚南部诸塞利希语族部落的研究可以告一段落了,让我们把目光转向更北部的那些部落,他们都属于庞大的阿萨巴斯卡语系(Athapascan family)。在这些部落中,有一支名为彻尔科廷或提尔考廷(Chilcotin or Tsilkotin),这个名字源自他们所生活的河谷。也就是说,他们的领地位于英属哥伦比亚境内北纬52°一带。[58] 其关于火起源的故事是这样的:

在很久以前,除了一间房子,世界上其他的地方都没有火,这个房子的主人也不愿意把火与其他人分享。有一天,乌鸦决定去把火偷来,它就带上亲朋好友向火主人的房子进发。火就被置于这间屋子的一端,而它的主人则坐在旁边看守。乌鸦和它的朋友们来到房间后,就都开始跳舞。

〔57〕 Marian K. Gould, "Sanpoil Tales," in *Folk-tales of Salishan and Sahaptin Tribes*, edited by Franz Boas, pp. 107 *sq.*

〔58〕 Livingston Farrand, "Traditions of the Chilcotin Indians," *The Jesup North Pacific Expedition*, vol. ii. Part i. (New York, 1900) p. 3 (*Memoir of the American Museum of Natural History*); F. W. Hodge, *Handbook of American Indians*, i. 109.

乌鸦已经在自己的头发上系了脂木的碎屑,如果它跳舞时离火足够近的话,这些木屑就会被点燃;可是火主人盯得很严,为的就是不让这种事发生。它们就跳啊跳啊,一个接一个地支撑不住,累得停下来出去了,只有乌鸦还在坚持。乌鸦先是跳了一天一夜,接着又跳了一整天,直到火主人看得疲倦,睡着了。这时,乌鸦就低下头,使得脂木着起火来,然后就冲出屋子,跑遍所有地区,将火传播至各处。火主人醒来后,看见各地都在冒烟,立刻明白了所发生的一切,他跑出来想尽全力将火夺回来,却发现已经不可能了,因为各个地方都生起了火。从此之后,人们就一直都有火了。树木都着起火来,动物们就四散奔逃,可是兔子跑得不够快,被火烧到了脚。因此,今天兔子的脚底下才有了圆形的黑点。树木着过火之后,火就一直都储存在那里,这就是今天树木可以燃烧的原因,人们用两根木棍相互摩擦,便能取出火来。[59]

在彻尔科廷印第安人领地更北边的英属哥伦比亚北部地区,居住着卡斯卡印第安人(Kaska Indians),他们的驻地在群山的北麓,同样属于阿萨巴斯卡语系。[60] 这支印第安人也有一个火起源的故事,是这样的:

很久以前人们没有火。世界上唯一的火在熊那里,被它独占着。它有一颗燧石,任何时候都可以生出火来。它很自私地把持着这颗石头,总是将其系在自己的腰带上。一天,它待在屋里,正躺在火旁,一只小鸟走了进来,来到了火的旁边。熊说:"你有何贵干?"小鸟回答说:"我快要冻死了,进来暖暖身子。"熊让它过来给自己捉捉虱子。小鸟同意了,就在熊的身上跳来跳去,给它啄虱子。它这样做的时候,也趁机去啄那根将燧石拴在熊腰带上的绳子。当绳子被啄松的时候,小鸟就突然间叼起石头,飞了出去。这时,其余的动物已经为偷走石头做好了准备,一个接一个地排好了队。熊追上了小鸟,就在马上要抓住它的那一瞬间,小鸟飞到了队伍中的第一个动物那里。火被扔给了那个动物,熊就转而去追它。它跑

---

[59] Livingston Farrand, *op. cit.* p. 15.

[60] James A. Teit, "Kaska Tales," *Journal of American Folk-lore*, xxx. (1917) pp. 427 *sq.*

了一会儿,又将火传给下一个动物。就这样不断地接力下去,最后火传到了狐狸的手里。狐狸带着火爬到了一座高山上。这时,熊已经精疲力竭,它追不上狐狸,就回家去了。狐狸在山顶将火石敲碎,每个部落都分得了一块。从此世界上的许多部落都有了火,也正是因此,现在从各处的石头和树木中都可以将火取出来。[61]

在英属哥伦比亚以北巴宾湖(Babine Lake)一带,居住着巴宾印第安人,他们也是阿萨巴斯卡语系民族,并有一个关于火起源的故事。他们说,很久以前全世界只有一位老酋长拥有火,他将火保存在自己的屋棚里,从不与别人分享。当人们在严寒中发抖的时候,这个老头儿却有火取暖。对于人们借火的哀求,他无动于衷,于是人们就决定设计从他那里将火夺来。他们安排驯鹿和麝鼠去完成这个计划。人们给驯鹿戴上了一个脂木做的头饰,上面还粘满了木屑;又给麝鼠穿上了一件土拨鼠皮做的围裙。然后它们俩就来到那个拥有火的老酋长的棚屋,进去之后就开始唱歌。驯鹿和麝鼠分别站在炉火的两边,而那个主人就在火堆后面盯着它们。后来,这两只动物开始跳舞。当它们跳着的时候,驯鹿就像它平时那样,将脑袋甩来甩去,想要炉火的火焰将脂木头饰点燃,但是刚一点燃,就被这个谨慎的老头儿给熄灭了。过了一会儿,趁着与舞蹈相伴的响亮歌声,驯鹿成功地引燃了自己的头饰,而这一次老头子想要扑灭它就要费很大一番力气了。麝鼠平时精通于在地底钻洞,它趁着老头儿正忙着扑火的时候,就偷偷抓起一些燃烧的炭灰,从地下溜走了。过了不久,人们看见天边的一座山上升起了一缕烟。又过了一会儿,火焰就跟着烟冒了起来,人们这时便知道,麝鼠已经成功地为他们取得了火。[62]

在这个故事中,人们看见了山上冒出的烟和火苗,从而获悉火已经为

---

[61]　James A. Teit, "Kaska Tales," *Journal of American Folk-lore*, xxx. (1917) p.443.

[62]　Le R. P. Morice, *Au pays de l'Ours noir, chez les Sauvages de la Colombie Britannique* (Pairs and Lyons, 1897), pp.151—153. 据作者所说(p.150),在和巴宾印第安人同属于阿萨巴斯卡语系部落的卡列尔(Carrier)印第安人——或称塔库利(Takulli)印第安人——那里,也有相同的神话。参见 F. W. Hodge, *Handbook of American Indians*, i. 123, ii. 675.

他们所有,这个情节是不容小视的。这暗示着,这些印第安人最初是从美洲该地的一座活火山上取得的火种,或至少,他们相信曾是这么获得的。

夏洛特皇后群岛上的海达印第安人说,很久以前曾有一场大洪水,消灭了世界上所有的人和动物,只有一只乌鸦存活了下来。但是,这个生灵确切而言并非是一只普通的鸟,而是像很多印第安古老传说中的那样,在很大程度上具有人的特征。比如说,它的毛皮可以随意地穿上或脱掉,就像件大衣一样。这个故事众版本中的一个甚至说它是由一位没有丈夫的女人生出来的,这女人还为它制作了弓和箭。当人类在大洪水中灭绝之后,这只神奇的乌鸦就和一只海扇成婚了,海扇为它生了一个女孩;乌鸦又娶这女孩为妻,后来逐渐增多的人口,都是它们繁衍的后代。

可是呢,它的这些后代还缺少很多东西,他们没有火,没有阳光,也没有淡水和鲑鱼。这些东西都为一个大酋长或神灵所有,他的名字叫做赛特林奇加士(Setlin-ki-jash),住在今天奈瑟河(Nasse River)所在的地方。然而,聪明的乌鸦成功地从他那里偷来了这些宝物,并赐予了人类。它是采用下面这个方法把火偷来的。它自己并不敢走进酋长的房间,而是变成一根云杉的针叶,从水上漂了过去,接近了房子。这个酋长这时已经有了一个女儿,当她来打水的时候,就把这根针叶也跟着捞了起来,并在喝水时毫无察觉地将它咽了下去。不久之后,她就怀孕,生出了一个小孩,正是这只狡猾的乌鸦。乌鸦就这样来到了屋子的里面。一天,机会来了,它抓起一根火把,披上羽毛外衣,就从屋子顶棚的烟囱里飞出去了,然后它将偷来的火传播到所到达的每个地方。在它传播火种的第一批地点中,包括温哥华岛的北端,因此这里的很多树才长着黑色的树皮。[63]

这个海达神话还有另一个版本,是用马赛特(Masset)方言记录下来的,故事如下:

当时,乌鸦还在旅行的时候,世界上还没有火,人们也没有听说过这

---

[63] George M. Dawson, *Report on the Queen Charlotte Islands*, 1878 (Montreal, 1880), pp. 149B—151B (*Geological Survey of Canada*).

种东西。乌鸦沿着海面向北方飞去。在海上飞了很久后,它看见一棵很大的海藻从海里长了出来。当这海藻生长的时候,很多火星从里面冒了出来,这是乌鸦第一次看见火。于是,它就潜到海底,那里面的各种大鱼——有墨鲸、魔鬼鱼*和大头鱼**等等都想杀死它。而乌鸦要找的,却是火之主(Owner-of-the-Fire)。

等它来到火之主的房子后,主人就说道:"来,坐在这里吧。"乌鸦便问他:"酋长愿意给我火吗?"那位酋长说他愿意。他将火放进一个石盘里,上面又盖上一个盘子,呈给了乌鸦。然后乌鸦便带着火离开了,等到它来到岸上之后,就将一块燃烧的炭块放进了那里的一棵杉木树中;然后,它就向自己妹妹的住处走去。和它妹妹住在一起的,还有蝴蝶。然后它就在那屋子里生了一把火。因为它曾在杉木中置放了一部分火,所以当人们用杉木来钻木取火时,从中就能将火点燃。[64]

阿拉斯加的特领吉印第安人也有一个关于乌鸦在世界之初施展神迹的故事。他们说,那个时候,除了大海上的一座小岛,世界上其余的地方都没有火。乌鸦飞到那座小岛上,用嘴叼起一支火把,迅速地飞了回来。它飞了很长的距离,以至于到达大陆时,火把已经快要烧光了,而乌鸦的嘴也被烧掉了一半。它一到达海岸边,就将燃烧的炭灰扔到地上,火星便飞溅到石头与树木中。特领吉人说,正是因为这个原因,石头和木头至今还包含着火,人们可以用燧石与铁器碰撞来产生火花,也可以用两根木棍相互摩擦来取火。[65]

---

* 即蝙蝠。——译者
** 属鲉形目,杜父鱼科。——译者

[64] John R. Swanton, "Haida texts—Masset dialect," *The Jesup North Pacific Expedition*, vol. x. Part ii. (Leyden and New York, 1908) pp. 315 *sq.* (*Memoir of the American Museum of Natural History*, New York).

[65] H. J. Holmberg, "Über die Völker des Russischen Amerika," *Acta Societatis Scientiarum Fennicae*, iv. (Helsingfors, 1856) p. 339; Alph. Pinart, "Notes sur les Koloches," *Bulletins de la Société d' Anthropologie de Paris*, IIᵐᵉ Série, vii. (1872) pp. 798 *sq.*; Aurel Krause, *Die Tlinkit-Indianer* (Jena, 1885), p. 263. 据克劳斯(Krause)说,这个神话的记录者似乎是一位名叫万尼亚米诺夫(Veniaminov)的俄国老传教士。

这种特领吉神话的另一个版本是这样的：

在太初的时候，人们并没有火。而乌鸦(*Yetl*)却知道遥远的大洋中，住着一只雪枭，它守护着火。乌鸦命令所有的人一个接一个地去取火，但是没有一个人成功。在那个时代，人类还都长着动物的样子。最后，鹿说："我将木柴拴在尾巴上，然后去把火带回来。"那个时候，鹿的尾巴还是长长的。就像鹿所说的那样，它来到雪枭的屋子里，绕着火跳舞，最后将尾巴靠近火苗摇摆。然后，鹿尾巴上的木头就着起火来，鹿便逃走了。结果它的尾巴被烧掉了一半，从此之后，鹿就只有一根小短尾巴了。[66]

在这个特领吉神话中，偷火的不再是乌鸦，而变成了鹿，它将易燃的木头系在尾巴上，然后绕着火跳舞。我们先前在英属哥伦比亚的努特卡、夸扣特尔等南方印第安人部落中也看到过相同的故事。[67]

在已知的第三个特领吉神话中，盗火贼既不是乌鸦，也不是鹿。特领吉人讲道，乌鸦在旅行中来到了一个地方，看见不远处的海滩上有什么东西在流动。它召集来了所有的禽鸟，透过夜色，它向那东西望去，发现它很像是火。于是，乌鸦就对那时还长着很长嘴巴的食鸡隼说："不要害怕，去取一些火来，确保万无一失。"食鸡隼飞到那个地方，叼起一些火，就疾速地往回飞。可是当它把火带给乌鸦的时候，自己的嘴已经被烧掉了一半，这就是食鸡隼的喙很短小的原因。后来，乌鸦拿来一些红杉木，又从海滩收集来一些白色的石头，就将火放进了这两样东西里，从此之后，全世界就都有了火。[68]

再往北，就是白令海峡寒冷荒凉的海滩了，居住在那里的爱斯基摩人说，在他们的神话中，乌鸦在各种事物的起源故事里都扮演了非常重要的

---

[66]　Franz Boas, *Indianische Sagen von der Nord-Pacifischen Küste Amerikas*, p. 314.

[67]　See above, pp. 161—170.

[68]　John R. Swanton, *Tlingit Myths and Texts* (Washington, 1909), p. 11 (*Bureau of American Ethnology, Bulletin* No. 39).

角色。[69] 这些爱斯基摩人说,当第一批人类来到这个世界上不久,乌鸦就教会他们制作钻木取火的工具,还教给他们用一根木头和一根绳子来制造弓箭的方法,这些木头取自灌木丛和小树,是乌鸦使它们从山坡上的洞穴与避风处生长出来的。乌鸦还教会人们如何用钻木造出火,然后将燃着火星的火绒放在一捆干草中,再使劲地摇动,等其冒出火苗,就可以将干柴放在上面了。[70] 在这个故事中,乌鸦教给爱斯基摩人的取火工具显然是弓钻,也就是将弦绕在钻木上,然后再抽拉弓,使得钻木急速旋转起来,这样要比一个人仅用双手抓住一根绳子的两端来拉动的方法快得多。[71] 白令海峡的爱斯基摩人使用的就是这种改良过的钻木取火法。[72] 实际上,这种方法不仅为所有的爱斯基摩人所用,[73] 连北美的一些印第安人部落也都在使用。[74]

〔69〕 E. W. Nelson, "The Eskimo about Bering Strait," *Eighteenth Annual Report of the Bureau of American Ethnology*, Part i. (Washington, 1899) pp. 452 *sqq*.

〔70〕 E. W. Nelson, *op. cit.* p. 456.

〔71〕 E. B. Tylor, *Researches into the Early History of Mankind*, p. 246.

〔72〕 E. W. Nelson, *op. cit.* pp. 75 *sq*., with plate xxxiv. fig. 2.

〔73〕 W. Hough, "Fire-making Apparatus in the United States National Museum," *Report of the National Museum*, 1887—1888 (Washington, 1890), pp. 555 *sqq*.; *id.*, *Fire as an Agent in Human Culture*, pp. 96 *sq*.

〔74〕 E. B. Tylor, *Researches into the Early History of Mankind*, p. 246; W. Hough, *Fire as an Agent in Human Culture*, pp. 97 *sq*.

第十四章
欧洲的火起源神话

下面这个故事是诺曼底(Normandy)的火起源神话:

很久很久以前,世界上还没有火,人们也不知道该怎么得到火。他们商量后一致认为,必须去好神(Good God)那里把火要来。可是好神住在很远的地方,谁来完成这次旅行呢?人们去问大鸟,可是它们都不愿意去,而后,中型鸟们也拒绝了,包括云雀在内也是如此。当人们正在商讨的时候,被小鹪鹩(rebette)听见了。"既然没有谁愿意去,那么就让我去吧。"它说。"可是你太小了,"人们这样回答它,"你的翅膀这么短小,会累死在半路上的。""我愿意试试,"小鸟回答说,"最糟不过是死在路上而已。"

于是,它就飞走了,它竟然很顺利地到达了好神那里。好神见到它之后,感到很意外。他让小鸟在自己的膝盖上休息。可是是否应该把火给它,好神却拿不定主意。他说:"在你回到大地之前,就会被火烧死的。"可是鹪鹩却没有畏惧。"那好吧,"好神说:"我会给你火。但是你要把握好时间,不能飞得太快。否则的话,你的羽毛会被火点燃。"

鹪鹩答应好神自己会倍加小心,然后就高兴地向大地飞了回去。当它离家还比较远时,尚能克制自己不要着急;可是当它离家很近,并能看见人们都在张望着等待它、向它呼喊时,就不由自主地加快了速度。这时,好神所警告它的事情就发生了。它将火带给了人们,可是这可怜的小鸟却一只羽毛都没有了,全部被火烧光了!其他的鸟急切地凑到它跟前,它们每个都从自己身上拔下一根羽毛,立刻为鹪鹩制作了一件大衣。从此之后,鹪鹩的羽毛就变成了斑斑点点的样子。当时,只有一只邪恶的鸟没有贡献任何东西,这就是苍鹭。其余的鸟都冲向它,为它的铁石心肠而惩罚它,使得它只好躲了起来。因此,这种鸟就只能夜间活动,并且,只要它白天出来,其他的鸟就会向它飞来,迫使它回到洞里。[1] 此后,任何杀害鹪鹩或者掏其鸟窝的坏孩子都会招致天火降临于自己的房子。作为对他恶行的惩罚,他将成为孤儿,并且无家可归。[2] 总的来说,我们从诺曼底神话中可以看出,鹪鹩(rebet)"是非常受人尊敬的,因为它从天上给人们带来了火,人们相信,无论何人杀害了这种小鸟,都将遭受厄运的惩罚"[3]。

上布列塔尼(Upper Brittany)* 也有一个类似的关于鹪鹩的故事,也是讲这种小鸟将火从天上带了回来,其他的鸟类就都各送它一根羽毛作为补偿,只有苍鹭不愿意,它说自己的羽毛太好了,不舍得牺牲,所以此后,其他的鸟,特别是喜鹊,就常常追逐它。因此,布列塔尼的人们说,鹪鹩是伤不得的,因为它们将火带到了人间。在多尔(Dol)一带,人们相信谁要是掏了鹪鹩的窝,那个人偷鸟蛋或抓雏鸟的几根手指就会残废。在圣多南(Saint Donan),人们认为,小孩要是碰了鹪鹩的雏鸟,就会招致圣劳伦斯之火(St. Lawrence's fire),也就是说,他们的脸、腿和身体其他部分会长满疱疹和脓包。[4] 而在洛里昂(Lorient)地区,传说鹪鹩并不是从天堂,而是从地狱取来了火,并且是在它穿过钥匙孔的时候,才把自己的羽毛灼烧到的。[5]

〔1〕 Jean Fleury, *Littérature orale de la Basse-Normandie* (Paris, 1883), pp. 108 *sq.* 还有与这个故事实质上一样的:Amélie Bosquet, *La Normandie romanesque et merveilleuse* (Paris and Rouen, 1845), pp. 220 *sq*。

〔2〕 Amélie Bosquet, *op. cit.* p. 221.

〔3〕 Alfred de Nore, *Coutumes, Mythes, et Traditions des Provinces de France* (Paris and Lyons, 1846), p. 271.

　＊ 地处法国西北部沿海的一个半岛。——译者

〔4〕 P. Sébillot, *Traditions et Superstitions de la Haute-Bretagne* (Paris, 1882), ii. 214 *sq.*

〔5〕 E. Rolland, *Faune populaire de la France*, ii. (Paris, 1879) p. 294; P. Sébillot, *Le Folk-lore de France* (Paris, 1904—1907), iii. 157.

但是,在布列塔尼有些地方的火神话中,主人公不是鹪鹩,而变成了知更鸟。那里的人们说,知更鸟去取火,在途中自己的羽毛都被烧光了,其余的鸟可怜它,就各送给它一根羽毛,为它重新制作了一件大衣。只有自负而冷酷的苍鹛不愿意借出羽毛。因此,当它白天出来的时候,其他的小鸟都会冲它叫,特别是知更鸟,这是在斥责苍鹛的自私。[6] 然而,在布列塔尼,还有一个故事试图将这两种相互竞争的小鸟统一在一起,使它们都分享取火的荣誉。在这个故事中,尽管是知更鸟将火取来的,但却是由鹪鹩将其点燃的。[7]

在格恩西(Guernsey)*,据说是由知更鸟最先将火带到这个岛上来的,还说,在它跨过大海时,羽毛被火灼烧到,从此它的襟前就变成了红色。岛上的一个当地人,即讲述这个故事的那位老太太还说:"我的母亲对知更鸟怀有很高的敬意,没有火我们该怎么活呢?"[8]

在卢瓦雷省(Département of Loiret)*的勒沙姆(Le Charme),故事则是这样:鹪鹩从天上偷来了火,但当它返回大地的时候,翅膀被烧着了,就只好把这宝贵的货物托付给了知更鸟;知更鸟将火抱在怀里,灼伤了自己的胸襟,因此它也被迫移交了这个运火的使命;最后由云雀接过圣火,并安全地带回大地,将这宝物交给了人类。[9] 这个故事与许多美洲印第安人的火神话相似,即由一群排成一队的动物健将以接力的方式来传送偷来的火种。[10]

在德国,是否存在关于最早由鹪鹩将火带来的神话,还不太清楚。[11]

---

〔6〕　P. Sébillot, *Traditions et Superstitions de la Haute-Bretagne*, ii. 209 *sq.*

〔7〕　P. Sébillot, *Traditions et Superstitions de la Haute-Bretagne*, ii. 214 *sq.*

　　* 位于英吉利海峡间的一个岛屿。——译者

〔8〕　Charles Swainson, *The Folk-lore and Provincial Names of British Birds* (London, 1886), p. 16.

　　* 法国中央区省份。——译者

〔9〕　E. Rolland, *Faune populaire de la France*, ii. 294; P. Sébillot, *Le Folk-lore de France*, iii. 156.

〔10〕　See above, p. 174.

〔11〕　J. W. Wolf, *Beiträge zur deutchen Mythologie* (Göttingen, 1852—1857), ii. 438.

第十五章
古希腊的火起源神话

　　古希腊的神话广为人知，即天神宙斯将火藏起来，不许人类所有，可是那位机智的英雄——巨人伊阿佩托斯（Iapetus）之子普罗米修斯却用一根茴香枝从天神那里将火偷来，带给了大地上的人类。宙斯为了惩罚他，就把他钉在或是绑在高加索山脉的一座山峰上，并派一只鹰在每天白天时去啄食他的心肝；然后到夜里，又让他白天被吃掉的脏器复原。据说，普罗米修斯一直遭受这种折磨有三十多年，也有说是三万年，最后才被赫拉克勒斯（Hercules）＊解救下来。[1]

　　然而，据柏拉图说，普罗米修斯并不是从天庭的宙斯那里，而是从劳作之神雅典娜与火神赫菲斯托斯（Hephaestus）的作坊里将火偷来后交予人类的。这位哲学家说，神在地下用泥土与火制作了所有的生灵，包括人类和各种野兽。等到时刻到来，就会把这些新生命带到地面上来。神灵们安排普罗米修斯和他的兄弟埃庇米修斯（Epimetheus）教会人和动物各种本领，使得每个物种都有合适的能力与本事。可是，愚蠢的埃庇米修斯说服他哥哥将这项事业留给他一个人干，结果把事情给搞砸了；他赐予动

---

[1]　Hesiod, *Works and Days*, 47 *sqq*., *Theog*. 561 *sqq*.; Aeschylus, *Prometheus Vinctus*, 107 *sqq*.; Hyginus, *Fab*. 144, *Astrnom*. ii. 15; Horace, *Odes*, i. 3. 25 *sqq*.; Juvenal, xv. 84—86; Servius, on Virgil, *Ecl*. vi, 42. 在其中的一个段落（*Fab*. 144）里，希吉努斯（Hyginus）说普罗米修斯遭受了三十年的惩罚，而在另一个段落（*Astrnom*. ii. 15）又说是三万年，据称他这个更长惩罚的说法乃是来自埃斯库罗斯（Aeschylus）的作品。

物各种最好的天赋,却让人类赤身裸体、脆弱不堪。普罗米修斯是人类的朋友,他为如何补救他们的缺陷而伤透了脑筋,更糟的是,根据命运的安排,人类破土而出的时限已经迫在眉睫了。苦恼之中,他忽然想起了火,可以把火赐予他的人类朋友们,使得他们可以借助工具技艺来使用它,这样就可以补偿人类所缺失的各种宝贵天赋,这些禀赋都被他的蠢兄弟浪费在野兽的身上了。可是,普罗米修斯不可能进入宙斯的城堡中,并将火从天上偷走,因为那里有可怕的守卫看护着;于是,他就悄悄地来到赫菲斯托斯和雅典娜平时劳作的作坊,将赫菲斯托斯的火与雅典娜的工具技术都偷走了,将这两样宝物全都赐予了人类。[2] 这个柏拉图的神话版本也为卢西恩(Lucian)*所知,因为他曾描述赫菲斯托斯斥责普罗米修斯把火偷走,使得他的炼炉变得冰冷。[3] 西塞罗(Cicero)也曾谈到普罗米修斯因为在利姆诺斯(Lemnos)的盗窃而受到了严惩,[4]这也暗示火是被从赫菲斯托斯在利姆诺斯锻造场偷走的,因为传说在宙斯把赫菲斯托斯从天上扔出来之后,他就落在了这个岛上。[5] 或许,关于赫菲斯托斯的神话已经解释了火在大地上的起源,即当他从天上落到这个岛上时,就随身带来了火,并用这火点燃了他在岛上的冶炼炉。

还有一个故事,说普罗米修斯先是爬到了天上,从太阳那燃烧的车轮上点燃了一根火炬,才取得了天火。[6] 希腊的理性主义历史学家西西里的迪奥多斯(Diodorus Siculus)这样解释这个普罗米修斯盗火的神话,认为应该是普罗米修斯发明了木燧,将它们相互摩擦才点燃了火。[7] 可是,在希腊的传说中,却是将木燧的发明归功于赫尔墨斯。[8] 卢克莱修

〔2〕 Plato, *Protagoras*, ii. pp. 320 D—321 E.

　　* 古希腊哲学家、修辞学家和作家。——译者

〔3〕 Lucian, *Prometheus*, 5.

〔4〕 Cicero, *Tusculan Disput*. ii. 10. 23.

〔5〕 Homer, *Iliad*, i. 590 *sqq*. ; Apollodorus, i. 3. 5; Lucian, *De sacrificiis*, 6.

〔6〕 Servius, on Virgil, *Ecl*. vi. 42.

〔7〕 Diodorus Siculus, v. 67. 2.

〔8〕 *Homeric Hymns*, iv. *To Hermes*, III.

(Lucretius)则推测,人类可能是观察树枝在风中相互摩擦才学会了取火方法;也有可能,我们原始的祖先是从一场由闪电造成的大火中取得最早的火种的。[9]

一般认为,被普罗米修斯用来偷火的植物(*narthex*)是大茴香(*Ferula communis*)。[10] 这种植物广泛生长在希腊各地,特别是在雅典附近的费勒鲁(Phalerum),非常繁茂。[11] 法国旅行家杜纳福尔(Tournefort)在纳克索斯(Naxos)*以南的一个小荒岛上发现这种茴香可谓是遍地丛生,这个小岛名叫斯基诺沙(Skinosa),古称什纳撒(Schinussa)。[12] 他描述这种植物,其茎大约有 5 英尺高,3 英寸厚,并以约 10 英寸的间隔长满疙瘩和枝节,整个植物的外表覆盖着比较硬的外皮。"茎的里面是白色的木髓,非常干燥,就像灯芯一样易燃。火在茎腔中的燃烧情况很理想,可慢慢地将内髓烧光,却不损坏外皮,所以,人们在旅行途中用这种东西来带火,我们的水手们也备制了一些。这种习俗是非常古老的,或许可用来解释赫西俄德(Hesiod)的一个段落:他说,普罗米修斯把火从天上偷来后,就将其放进一根茴香枝中逃走了。"[13]英国旅行者本特(J. T. Bent)曾在纳克索斯看到一排芦苇将两个橘园分开,他谈到:"在莱斯博斯(Lesbos),这种芦苇仍被称为 νάρθηκα(νάρθηξ),也就是普罗米修斯将火从天上偷来时所用的那种芦苇的古词。我们很容易理解其中的观念:今天当一个农民想要将一间屋子里的火带到另一个地方时,就会将火放进这种芦苇里,防止其熄灭。"[14]显然,本特先生把大茴香当成了芦苇。

阿尔哥斯人(Argives)并不认为是普罗米修斯将火带给人类的,他们

---

〔9〕 Lucretius, *De rerum natura*, v. 1091—1101.

〔10〕 L. Whibley, *Companion to Greek Studies*³(Cambridge, 1916), p. 67.

〔11〕 W. G. Clark, *Peloponnesus* (London, 1858), p. III; J. Murr, *Die Pflanzenwelt in der griechischen Mythologie* (Innsbruck, 1890), p. 231.

　　* 希腊基克拉泽斯群岛中最大的岛屿。——译者

〔12〕 Pliny, *Nat. Hist.* iv. 68.

〔13〕 P. de Tournefort, *Relation d' un Voyage du levant* (Amsterdam, 1718), i. 93.

〔14〕 J. Theodore Bent, *The Cyclades* (London, 1885), p. 365.

认为发现火的荣誉应归于他们的古代国王弗洛纽斯（Phoroneus），[15]至少到公元二世纪,他们还一直在其墓穴祭祀他。[16] 在阿尔哥斯的阿波罗大神庙中,就供奉着一处长明火,阿尔哥斯人称其为弗洛纽斯之火。[17] 关于弗洛纽斯,还有一篇名为《弗洛尼斯》（Phoronis）的古代史诗,但是只有几句诗句流传了到了现在。[18] 原史诗中可能较详实地讲述了这个英雄发现火的故事。有些著名的哲学家曾将弗洛纽斯这个名字追溯到 pherein 这个动词,即"产生或带来"的意思。[19] 如果他们是对的,那么我们或许可以将弗洛纽斯这个名字解释为火的"带来者"之意。阿达尔伯特·库恩（Adalbert Kuhn）*曾将弗洛纽斯这个名字等同于梵语中的 bhuranya,这是吠陀火神阿耆尼（Agni）的一个尊号,据说是从梵语动词 bhar 演变而来的,这个词与希腊语中的 pherein 一样,都是"产生或带来"的意思。[20] 但是,将神话的比较建立在语源学的基础上是非常不可靠的,因此最好还是回避这个问题。

上面的这个观点还被这位博学而睿智的学者用来支撑另一个更为著名的语源学理论。即,库恩认为,普罗米修斯这个名字乃源自 pramantha 这个词,其在梵语中指的是钻木取火时位于上面的那根木棍;也就是说,他将普罗米修斯理解为原始取火工具的人格化。[21] 但是,这种对名字进行溯源的理论与事实是并不相符的。[22] 这是因为,无论是普罗米修斯,还是与之对应的印度神摩多利首（Mâtarisvan）,都与钻木取火没有关系,

---

[15]　Pausanias, ii. 19. 5.

[16]　Pausanias, ii. 20. 3.

[17]　Pausanias, ii. 19. 5.

[18]　*Epicorum Graecorum Fragmenta*, ed. G. Kinkel (Lipsiae, 1887), pp. 209—212.

[19]　Adalbert Kuhn, *Die Herabkunft des Feuers und des Göttertranks*², (Gütersloh, 1886), p. 27.

　*　十九世纪德国比较语言学和比较神话学学者。——译者

[20]　Adalbert Kuhn, *Die Herabkunft des Feuers und des Göttertranks*², pp. 27 *sq*.

[21]　Adalbert Kuhn, *op. cit.* pp. 14—20, 35.

[22]　K. Bapp, *s. v.* "Prometheus" in W. H. Roscher's *Lexikon der griechischen und römischen My-thologie*, iii. (Leipzig, 1897—1909) coll. 3033—3034; E. F. Sikes, "The Fire-Bringer," in his edition of Aeschylus, *Prometheus Vinctus* (London, 1912), pp. xiii—xiv.

在希腊神话中,这种技艺的发明是被归功于赫尔墨斯的,尽管我们看到,西西里的迪奥多斯仍旧认为是普罗米修斯;[23]希腊人自己则认为普罗米修斯这个名字中具有"先知先觉者"的意思,而相对于聪颖的哥哥,愚蠢的弟弟埃庇米修斯的名字则具有"后知后觉者"之意。兄弟俩一个是圣人,另一个是蠢货,目前看来,我们似乎还没有足够的理由拒绝这种明确的寓意。

在对"野蛮人"神话的研究中,我们发现人类常常是通过一只小鸟获得最早的火种的,所罗门·雷纳克(Salomon Reinach)*就认为普罗米修斯原本是一只将首颗火种从天上带下来的鹰。可是,由于原始神话在后来的误传,这只鹰却变成了复仇的行使者,去惩罚它自己所犯下的罪过。这个理论倒是很精彩,但是没有说服力。实际上,连这位博学的作者本人也明确地承认,他的这个假说没有什么根据,就像一个纸牌搭起来的房子。[24]

---

[23]　See above, p. 194.

　*　法国考古学家。——译者

[24]　Salomon Reinach, "Aetos Prometheus," *Cultes, Mythes et Religions*, iii. (Paris, 1908) pp. 68—91.

第十六章
古印度的火起源神话

在吠陀神话中,据说火是被摩多利首从天上带下来的,摩多利首和希腊的普罗米修斯非常相近,他是第一位祭司太阳神(Vivasvant)的使者,其取火的目的是为了用于献祭。这是因为,从吠陀诗歌的主要意思看来,火的主要用处并不是给人们取暖、做饭,而是用来燔祭献给神的贡品。[1]所以,在《梨俱吠陀》(Rigveda)里的一首献给阿耆尼(神火)和苏摩(Soma,神圣的植物,一种美酒的原料)的赞歌中,这样唱道:

> 阿耆尼和苏摩,齐共事哦,天上闪烁光芒。
>
> 用咒语和训斥哦,阿耆尼和苏摩,将河水从镣铐中解放。
>
> 你们中的那位(即阿耆尼)从天上派来摩多利首,你们中的另一位(即苏摩)从群山中遣来猎鹰。[2]

还有一首献给阿耆尼的赞歌,是这样的:

> 他来去自如啊,阿耆尼善隐身,摩多利首由他自远方派来,由他自摩擦造来,由众神的那里来哟。[3]

此外,还有一首也是献给阿耆尼的赞歌,是这样写的:

[1] H. Oldenberg, *Die Religion des Veda* (Berlin, 1894), pp. 122 *sq.*

[2] *Hymns of the Rigveda*, translated with a popular Commentary by Ralph T. H. Griffith, Second Edition (Benares, 1896—1897), vol. i. p. 120, Hymn, I 93. 5—6.

[3] *Rigveda*, Hymn iii. 9. 5. (Griffith's translation, vol. i. p. 329).

全能之神陷他于洪流底：人们服侍那应得赞美的王。

火神的最高本尊（Agni Vaisvânara）自远方带来火神信使摩多利首。[4]

再来看另一首献给阿耆尼的赞歌：

摩多利首满身宝物与财富，光明之胜者，为其后代寻得出路。

百姓的守护者，天与地之父。赐福的阿耆尼归众神所有。[5]

在又一首献给阿耆尼的赞歌中，我们看到：

如晴朗的早晨一般伟大，摩多利首，他与我们同在！

婆罗门走向牺牲，坐到霍塔尔（Hotar）之下，正是如此。[6]

而在一首献给众神（Visvedevas）的赞歌中，有如下诗句：

三身（Threefold）弥漫两股美好暖流，摩多利首为他们带来光明。

渴望众神赐予天的乳汁：他们谨记赞歌与圣诗。[7]

如果仅仅根据吠陀诗歌对摩多利首的描述，那么很难确定他的身份；但是，和希腊神话中与之相似的普罗米修斯一样，他似乎并不是一位将火教给原始人类的圣人，而是一个从天上将火带来的半神，尽管在关于他的传说中，并没有说他是用盗窃的方式从众神那里取得火种的。[8] 在《梨俱吠陀》的有些段落，他明显被等同于阿耆尼，也就是说不同于其他地方

---

〔4〕　*Rigveda*, Hymn vi. 8. 4. (Griffith's translation, vol. i. p. 563).

〔5〕　*Rigveda*, Hymn i. 96. 4. (Griffith's translation, vol. i. p. 126). 格里菲斯先生（Mr. Griffith）在这一段做了一个注释：“摩多利首：通常是指将阿耆尼从天上带下来的神灵，而据萨亚纳（Sâyana）说，这里指的是阿耆尼自己。”

〔6〕　*Rigveda*, x. 88. 19. (Griffith's translation, vol. ii. p. 515). 霍塔尔指的是吟诵赞歌的祭司；在古时候，他们也负责谱写这些诗歌。参见 H. Oldenberg, *Die Religion des Veda*, pp. 129 *sq.*; H. D. Griswold, *The Religion of the Rigveda* (Oxford University Press, 1923), p. 48。

〔7〕　*Rigveda*, Hymn x. 114. 1. (Griffith's translation, vol. ii. p. 557).

〔8〕　J. Muir, *Original Sanskrit Texts, collected, translated and illustrated*, vol. v. (London, 1872) pp. 204 *sq.*

而将他等同于火。[9] 在《阿闼婆吠陀》(*Atharvaveda*)、《梵书》(*Brahmanas*)和后来所有的文献中,摩多利首的名字发生了有趣的改变,变成了风(Vayu)的意思;但是在《梨俱吠陀》中,这个词似乎还没有这层意义。[10]

至于摩多利首和哪一种自然现象相对应,最常见的解释是他原本乃闪电的人格化,也就是能够将大地点燃的天火。很多有名的学者都持这种观点。[11] 或许,在希腊神话中,赫菲斯托斯自天上坠落的故事[12]也是对这种常见自然现象的一种神话式表达。如果果真如此,那么我们或许能在希腊神话中发现由赫菲斯托斯首先将火带给人类的情节。可是据我所知,在流传下来的希腊神话中,并没有这样的故事;尽管我们已经从柏拉图那里知道,正是从赫菲斯托斯的冶炼场里,普罗米修斯才偷得了火,并将其赐予了人类。[13]

---

[9] A. A. Macdonell, *Vedic Mythology* (Strassburg, 1897), p. 71; Roth, quoted by J. Muir, *Original Sanskrit Texts*, v. 205; H. Oldenberg, *Die Religion des Veda*, p. 122 note(他并不赞同将摩多利首等同于阿耆尼的观点)。

[10] J. Muir, *Original Sanskrit Texts*, vol. v. pp. 204 *sq.* ; H. Oldenberg, *Die Religion des Veda*, p. 122 note[1]; p. 72; H. D. Griswold, *The Religion of the Rigveda*, p. 163.

[11] A. A. Macdonell, *Vedic Mythology*, p. 72; H. D. Griswold, *The Religion of the Rigveda*, pp. 163 *sq.* 至于摩多利首可参见 A. Kuhn, *Die Herabkunft des Feuers*[2] (Gütersloh, 1886), pp. 8 *sqq.* 他认为摩多利首在最初就是火。

[12] See above, p. 194.

[13] See above, p. 193 *sq.*

第十七章
综述与结论

一、三个时代

通过本书所浏览过的这些故事与传说，我们可以发现，世界各地、各个时代的人们都曾对火的发现这一问题产生过思索，各种取火的技术也促进了人类灵巧心智的发展。把它们综合到一起，似乎说明了一个普遍的观点，即在人类的进化中，关于火曾经历了三个阶段：在一开始人们不知道如何使用火，甚至根本没有听说过火；在第二个阶段，他们对火不再感到陌生，而是用它来取暖做饭，但是还没有掌握人工生火的方法；到了第三个阶段，他们发现了点火的方法，并不断地使用这种方法或多种方法，这些方法在不久之前，或者直到今天仍在一些较落后种族中流行着。与这三个文化阶段相对应，这些故事也隐含地表达了三个前后相继的时代，我们可以将之称为"无火时代""用火时代"和"燃火时代"。这个结论可能是通过推论而得来的，也可以是从明确的口述中传达出来的。但无论如何，它们在本质上似乎是没有什么偏差的。这是因为，我们已经普遍认识到，人类乃是从较低等的动物形态逐渐进化而来的。也可以确定，我们那些如野兽一般的祖先曾和所有的动物一样，对如何使用火一无所知，与今天的人类截然不同；甚至在这个物种已经演进到了可以称之为人类的阶段后很久，也仍没有学会使用火以及取火的方法。因此，我们的结论是：那些我们所研究过的火起源神话虽具有夸张和幻想的特点，掩盖和歪曲了很多事实，但是在实质上仍旧是包含着现实的成分的。因此，像研究平实的历史文献那样对它们做进一步的考察，是很值得的。

二、无火时代

如我们已经了解到的，很多种族都相信，他们的祖先，乃至全人类，曾经没有火可用，既要忍受严寒的摧残，同时又因为无法烹煮食物，而被迫生吞活剥。维多利亚的澳洲土著人就说，以前他们的祖先没有火，过着悲惨的生活，因为他们不能烤熟食物，在寒冷的季节也没有营火来取暖。[1]英属新几内亚的马辛格拉人也说，曾经的人们没有火，唯一能吃的食物就是熟香蕉和在太阳下晒干的鱼，这单调而乏味的食物令人感到厌倦。[2]在凯洛琳群岛中的雅普岛上，当地人相信以前虽就有甜薯和山芋，但是人们却没有火来烤熟它们，而只能将甜薯和山芋放在沙地上，在太阳下面烤这些食物，即便如此，人们还是受着胃痛的折磨。[3]缅甸的克钦人有个传说，讲述在世界之初人们还没有火时，就只能吃生的食物，又冷又虚弱。[4]西伯利亚的布尔亚特人也与之类似，说先前人们不知道什么是火，没法做饭，过着饥寒交迫的生活。[5]还有，东非的瓦恰戈人也说，很久以前人们是不知道火的，只能把食物生着吃，连香蕉也是如此，就像狒狒一样生活。[6]据尼罗河中游的希陆克人说，曾经有段时间火不为人知。那时候人们在太阳底下烤食物，所以总是半生不熟的，男人吃熟的部分，食物下层还是生的部分就给女人吃。[7]南美洲厄瓜多尔的吉帕罗人

---

〔1〕　Above, p. 5.
〔2〕　Above, p. 35.
〔3〕　Above, p. 90.
〔4〕　Above, p. 103.
〔5〕　Above, p. 105.
〔6〕　Above, p. 120.
〔7〕　Above, pp. 121 *sq.*

说,自己的老祖先们不知道如何用火,就把肉放在腋下焐热,或者把可食的根茎放进嘴里焐热,要么就是把鸡蛋放在太阳底下烤熟。[8] 新墨西哥州的希亚印第安人相信在最初的时候,世界上的人们都没有火,像鹿和其他的动物一样,咀嚼着单调乏味的草木。[9] 欧及布威印第安人说,人类在最初的时候很愚昧,他们既没有衣服也没有火,南方的人类没有衣服还能撑过去,可那些北方的人就只能在严寒中挣扎了。[10] 还有,华盛顿州和英属哥伦比亚的乌勒穆齐印第安人中的老者常会讲,他们的祖先以前是没有火的,没有熟食可吃,只能在黑暗中度过夜晚。[11]

有些民族没有谈到无火时代的其他艰辛,而只是强调了在太阳底下晒食物吃的无奈,似乎这是火的缺乏给人们带来的最大苦楚。[12] 对这种艰苦的强调似乎说明了对熟食的渴望是人类机体的一种自然本能,这种生理机制也许是可以得到科学上的解释的。

三、用 火 时 代

如果某些民族的神话传说是可信的,那么在无火时代之后,就开始了用火的时代,此时人们已经对火很熟悉,并且在日常生活中将之用于各种目的,可是对于燃火的方法还一无所知。正如昆士兰的土著讲述的,曾有一个黑人部落偶然地在一场由闪电引发的大火中得到了火,他们还将这宝物交给一位老太婆保管,警告她要小心别让火熄灭,她看护着火使其燃烧了好几年,但最终还是在一场夜雨中灭掉了。然后,为了寻找火,老太婆就在荒野中走了很久,却没有任何收获。直到有一天她不耐烦时,就从

---

[8]　Above, p.134.

[9]　Above, p.139

[10]　Above, p.151.

[11]　Above, p.159.

[12]　Pp.30（Kiwai）, 31（Badu Island）, 35（Kiwai）, 38（the Motu of British New Guinea）, 43（Wagawaga in British New Guinea）, 130（the Tembes of Brazil）, 170（the Thompson Indians of British Columbia）.

树上撅下两根树枝,用力地将它们摩擦来发泄怒气,火就在这摩擦中意外地产生了。[13]

在太平洋的曼加伊亚岛上,当地人说,他们的祖先也是相似地从大火中取得火种并用来做饭的,但是如果火熄灭了,他们就没有办法将其再点燃了。[14] 西里伯斯岛中部的托拉迪亚斯人说,造物主在太初之时将火赐予了男人与女人,但是却没有教给他们取火的方法;于是那时的人们就很小心地照看着炉里的火,防止其熄灭;可是当火因他们的疏忽而燃尽后,这些人就没有办法来煮饭了。[15] 还有,居住在刚果谷地的巴尚阿族人也有一个传说,讲的是古时候祖先从一场闪电造成的大火中取得了火种,却不知道该如何用人工的方法来造火。[16]

人类最初是怎么获得火的? 对于这个问题,上面的这些故事已经给出了一种解答:他们是从闪电引发的大火中取得的。在下刚果谷地生活的巴刚果人也与此类似:他们说,火最初是由天上的闪电带来的,它击中了一棵大树,并使其燃烧起来。[17] 对于很多部落或种族而言,这种解释应该是很有道理的。因为,如果我们想象一下,在漫长的人类历史中,树木、灌木和草地被闪电击中点燃是一件如此常见的事情,那么我们就很难否认,在人类学会自己造火之前,这是他们最为经常的火种来源。

甚至,即便在人类已经拥有了火之后的很长时间里,他们仍然对由闪电点燃的火怀有敬畏之心。比如生活于印度乔塔那格浦尔(Chota Nag-pur)的奥昂人(Oraons),平时虽并不将火看做是什么神圣之物,但仍敬重"闪电之火"(*bajarkhatarka chich*),认为其乃"自天遣使而来"。就在几年前,闪电击中了哈瑞尔(Haril)一个村庄中的一棵树,这棵树的树枝上堆放着农民的稻草,闪电使其燃烧了起来。然后,全村的奥昂人都聚集起

---

[13]　Above, p. 21.

[14]　Above, p. 79.

[15]　Above, p. 93.

[16]　Above, p. 114.

[17]　Above, p. 117.

来,认为既然神送来了"闪电之火",那么村里所有的火都应该熄灭,各家各户都应该为这"天遣之火"准备一个特殊的位置,然后小心地保存好,并用于各种目的。人们就这么照着做了。[18] 实际上,这些奥昂人已经对火很熟悉了,在黄磷火柴引进之前,他们用钻木的方法取火。当一个人去树林里时,他甚至仍然常常会用两根易燃的木头来点火:将其中的一根放在地上,用脚固定住,再将另一根垂直插进那根木头上的槽里,迅速转动,最后锯末就被点燃,使放在下面作为火绒的枯叶或碎布着起火来。[19]

还有另一种使人们获得火的自然原因,即树枝在风中的相互摩擦。在位于太平洋上的努古费陶或德皮斯特岛上,当地人就说,人们看见两根交叉的树枝在风中相互摩擦并冒出了烟,由此才发现了火[20]。婆罗洲北部的奇奥杜顺人说,有两根正在生长的竹子在风中摩擦,然后着起了火,一只路过的狗将其中一根燃烧的竹子带回了主人的家,使得房子也着起大火,不仅将屋里的一些玉米棒子烤熟了,还将几个浸泡在水中的土豆煮熟了。从这一次事件中,杜顺人就同时学会了取火和用火做饭这两件事。[21]

我们也知道,卢克莱修就认为人类最初是从闪电引发的大火中取得火种的。此外,他也设想了人类可能注意到树枝在风中摩擦能燃烧的现象,从而学会了造火的方法。[22] 这位诗人的两种猜测都被"野蛮人"的传说所印证。几年前,当我有幸在牛津的皮特-里弗斯博物馆(Pitt-Rivers Museum)与亨利·贝尔福先生(Mr. Henry Balfour)*讨论原始取火术的问题时,他告诉我说,毫无疑问,火在很多情况下并不是由人力产生的,而是来自两根树枝在风中的摩擦;他还说,这个现象并不罕见,曾被多次记

---

〔18〕 Sarat Chandra Roy, *The Orāons of Chōtā-Nāgpur* (Ranchi, 1915), pp. 170 *sq.*

〔19〕 Sarat Chandra Roy, *op. cit.* p. 472 note.

〔20〕 Above, p. 88.

〔21〕 Above, pp. 95 *sq.*

〔22〕 Above, pp. 194 *sq.*

＊ 英国考古学家,曾任该博物馆的第一届馆长。——译者

录下来。

在自然界,还存在另一种人们所猜想的火之来源,那就是太阳、月亮和星星。比如,维多利亚的土著就曾讲述过这样一个故事,一个人向云彩投掷了一根矛,扎在了上面,矛的后面系了一根绳子,这个人就顺着绳子爬了上去,从太阳那里将火带到了地上。[23] 昆士兰的一个部落也讲述了另一个人类自太阳那里取火的神话:说的是人们向西方寻找太阳落山的地方,而就在这个燃烧的天体沉没于地平线时,他们迅速地从它身上掰下一小块来,将这燃烧着的碎片带回了自己的营地。[24] 吉尔伯特岛民说,曾有一个人或一个英雄将一束阳光放进嘴里,从而带来了火。[25] 英属哥伦比亚的汤普逊印第安人说,很久以前他们没有火,生活在寒冷中。于是,他们就派了一位使者去太阳那里取火,当要来的火用光之后,他们又派更多的使者去重新要火。这些使者要走很长的路,有人说他们是将火放在贝壳里带回来的。[26] 根据一种文献,普罗米修斯也是将一根火炬在太阳燃烧的车轮上点燃后,才取得了火。[27] 加利福尼亚的托洛瓦印第安人说,在大洪水将世界上所有的火都熄灭之后,他们是从月亮那里将火取来的,为此他们制作了一个蛛丝气球,用一根长绳将其与大地相连,然后乘着它飞到了天上。[28]

除了太阳和月亮,还有些神话将火的起源与星星联系起来。塔斯马尼亚人似乎将世界上第一批火的制造者等同于双子星。[29] 维多利亚的布奴隆部落将他们的火追溯到一个居住在天上的人所施的善行,而作为对这个人所作所为的回报,他后来变成了火星。[30] 维多利亚的乌然哲睿

---

[23]　Above, p. 20.

[24]　Above, p. 20.

[25]　Above, p. 88.

[26]　Above, p. 173.

[27]　Above, p. 194.

[28]　Above, pp. 154 *sq.*

[29]　Above, pp. 3 *sq.*

[30]　Above, pp. 16 *sq.*

部落说,最初取得火的那些女人后来被带到了天上,变成了昴宿星团。[31] 而维多利亚西北部的波隆部落则声称,是一只乌鸦首先将火带给当地人的,这个乌鸦就是老人星。[32]

上面最后这个传说又将我们引向另一类神话。据它们所说,是由一只鸟或一只野兽首先将火带给人类的。非常有趣的一点是,很多"野蛮人"似乎都相信在人类发现和能够使用火之前,这种东西是为动物所有的。例如,英属哥伦比亚的钦西安印第安人就说,当人类最初开始在世界上繁衍生存时,其境遇是很悲惨的,因为他们没有火,既不能做饭,冬天也没法取暖,但是动物们却在自己的村子里拥有火。[33] 关于谁是火最初主人的这个问题,更为常见的情况则是它原先并非为泛指的动物所有,而是控制在一个特定的物种或这物种中的某只单个动物手里。比如,一些维多利亚的澳洲土著就传说,火在古时候只属于居住在格兰屏山的一群乌鸦,这群鸟不许其他任何动物分享它们的火。[34] 澳大利亚其他地方的一些土著人说,很久以前火为一只小袋狸所有,它自私地看护着火,无论去哪里都将其带在身边,从不借给别人。[35] 而新南威尔士的一些部落则认为,火先前为一只水老鼠和一只鳕鱼所有,它们在墨累河岸边的芦苇丛里挑选了一块开阔地,自私地守护着它们的火。[36] 据昆士兰的卡比部落说,火本是被一只又老又聋的蜸蛇所独有的,为了安全,它将火保存于自己的身体里。[37] 澳大利亚南部的布安迪克部落有个故事,相传火来自一只红冠凤头鹦鹉,这只鸟很幸运地成为这种宝物的主人,它没有告诉其他的凤头鹦鹉,而把火留给自己用,惹得这些鸟为它的自私而气愤。[38] 澳

---

〔31〕　Above, p. 17.

〔32〕　Above, p. 20.

〔33〕　Above, pp. 168 *sq.*

〔34〕　Above, p. 5.

〔35〕　Above, p. 7.

〔36〕　Above, p. 8.

〔37〕　Above, pp. 8 *sq.*

〔38〕　Above, pp. 10 *sq.*

大利亚中部的阿伦塔人说,在很久远的过去,即被他们称为梦时代的远古,有一只大红袋鼠将火保存在自己的身体里,而一位猎人追逐了它很久却无果;最后,他将这只袋鼠杀死后,从它身体里将火取了出来。[39] 在托雷斯海峡的巴度岛,那里的人说,曾有一只将火据为己有的鳄鱼住在岛的一端,而住在另一端的人却没有火。[40]

　　南美洲格兰查科的塔皮埃特人说,以前他们的祖先并没有火,可是黑鹫却从闪电中获得了这种宝贵的东西,拥有了火。[41] 而同属于格兰查科的马塔科印第安人说,在人类之前,火是掌握在豹子的手里,它把火严密地看守起来。[42] 巴西中部的巴卡伊利印第安人讲,在太初之时,火之主是一种动物,即被博物学家称为 *Canis vetulus* 的一种犬。[43] 在巴西东北部,另一支印第安部落坦拜人说,早先火是掌握在帝王秃鹫的手中,而他们的祖先因为没有火,只能将食用的鲜肉放在太阳底下晒干。[44] 巴西北部的阿瑞库南印第安人说,在大洪水之后的时代,他们的祖先没有了火,这种东西只被一种绿色的小鸟所拥有,这种鸟被博物学家称为翠鸽。[45] 居住在墨西哥的科拉印第安人则讲述了这样的故事:很久以前有一只鬣蜥拥有火,但是一天它和自己的妻子、岳母吵架,就带上火生气地去天上生活了,从此地上便没有了火。[46] 新墨西哥州的杰卡瑞拉阿帕契印第安人说,当他们的祖先从地下的居所来到世界上时,是没有火的,而萤火虫们却拥有这种东西。[47] 根据记载,居住在温哥华岛上的努特卡或哈特印第安人相信,在火被创造出来后不久,它仅在乌贼的家里燃烧着。而在另

---

[39]　Above, pp. 21 *sq.*
[40]　Above, p. 31.
[41]　Above, p. 125.
[42]　Above, p. 125.
[43]　Above, p. 129.
[44]　Above, p. 130.
[45]　Above, p. 130.
[46]　Above, p. 136.
[47]　Above, pp. 140 *sq.*

一个版本中,他们又说开始的时候,是狼群独享着火。[48]

虽然在这些故事里一些动物自私地将火据为己有,不愿与人分享,但是在其他的很多神话中,却又是由走兽或鸟类将火的知识和使用方法传授给人类的。无论它们是野兽、小鸟还是超自然的神灵,都往往是先将火从其原主人那偷来或要来,然后再将这宝贵的财富交付给人类,或者是在事情发生之后,人类也从此分享到了火。比如说,在澳洲的维多利亚,那里的土著就说是只小鸟最早将火传给人类的,有说它是从天上将火取来的,也有说它是从独占着火的乌鸦那里将火偷来的。此外,有时这种小鸟被描述为火尾鹪鹩,有时被说成是火尾雀鸟。无论如何,这种小鸟在背部都有一个红点,据说是被火灼伤过的痕迹。[49] 在很多澳大利亚神话中,隼也是一种将火这种好东西带给人类的使者;[50]而在另一些神话中,主人公又变成了凤头鹦鹉。[51] 在维多利亚的波隆部落,人们说,是乌鸦首先将火带给了人类;[52]这种鸟在其他一些澳大利亚的火起源传说中也是主角。[53]

在新几内亚附近的奇瓦岛上,当地人说,最早把火带来的动物是一只黑色的凤头鹦鹉。这种鸟的嘴边有红色的条纹,人们相信,这是因它曾用鸟喙叼着火把而被火灼伤的痕迹。[54] 然而,在英属新几内亚的其他地方,神话故事中更为常见的、给人类带来火的动物则是狗。[55] 在当特卡斯特尔群岛中一个名为瓦吉发的小岛上,当地人就认为,曾经是一只狗将火带给他们的,这只狗将火把系在尾巴上,然后游过了海峡。[56] 在安达

---

〔48〕　Above, pp. 160, 161.

〔49〕　Above, pp. 5, *sq.*

〔50〕　Above, pp. 7, 8, 9, 10.

〔51〕　Above, pp. 10, *sqq.*

〔52〕　Above, p. 20.

〔53〕　Above, pp. 15, *sqq.*

〔54〕　Above, pp. 29, *sqq.*

〔55〕　Above, pp. 38, *sqq.*

〔56〕　Above, pp. 49, *sqq.*

曼岛民的神话中,有一个故事说的是翠鸟从神灵白力克那里将火偷来,然后送给了人们;但是,因为白力克掷出的火棒击中了它的后脖梁,从此翠鸟脖子上那个部位就永远留下了被火烧过的痕迹,长着亮红色的羽毛。[57] 在另外一个安达曼神话中,则是由铜翅飞鸽将火从比力库(sic)那里将火偷来,然后交予人类的。[58] 马来半岛的蒙瑞人说,他们的火是由啄木鸟送来的,他们也从不猎杀啄木鸟,因为它带来的火使人们拥有了温暖,可以享用熟食。[59] 同样,在马来半岛的一些塞芒族人相信,椰猴先是从居住在天上的雷神那里偷来了火,又用这火点燃了萨瓦那草,使得人类获得了火种;但是在这些矮黑人的祖先逃离大火时,他们的头发被火焰烧到了,所以今天他们的头上才长满了卷发。[60] 居住在西伯利亚的布尔亚特人说,一只燕子从长生天腾格里那里偷来了火,将其送给了人们。但是,腾格里对此很生气,用弓箭射中了燕子的尾巴,所以后来燕子的尾巴就像剪刀一样呈分叉的形状。[61] 在锡兰,也流传着黑蓝燕尾鹟将火从天上带下来,并造福人类的故事。[62]

西非的巴刚果人说,在世界上还没有火的时候,有个人就派一只豺去太阳落下的地方取火,可是这个动物以后再也没有回来。[63] 尼罗河中游的希陆克人则讲述,在人们还没有火的那个时代,他们就将一些稻草系在狗的尾巴上,让它去伟大神灵的土地上取火来;这只狗不久后就回来了,尾巴上的干草燃烧着,从此希陆克人就拥有了火。[64]

玻利维亚的直利瓜尼人相信,在大洪水之后,所有的火都熄灭了,但是在大水漫涨之前,一只蟾蜍收集了些燃烧的炭块,躲进了一个洞里,它

---

〔57〕　Above, p. 98.

〔58〕　Above, p. 99.

〔59〕　Above, p. 100.

〔60〕　Above, p. 101.

〔61〕　Above, p. 105.

〔62〕　Above, pp. 106, *sq.*

〔63〕　Above, p. 117.

〔64〕　Above, pp. 121, *sq.*

不断地向木炭吹气,使火燃烧不灭,从而为人类保存住了火种。[65] 格兰查科的绰洛提印第安人也说,他们的祖先在大洪水之后陷入相同的境地,而后是一只黑鹫将火带给他们的,这只鸟把火保存在高处的窝里,躲过了洪水的淹没。[66] 格兰查科的另一支印第安部落塔皮埃特人却说,黑鹫虽有火,但是他们自己却没有,一只青蛙同情他们,就从黑鹫取暖的地方偷来了一些火,藏在自己的嘴里,然后带给了这些印第安人。[67] 格兰查科的另一个印第安部落马塔科人说,多亏了豚鼠,他们才有了火,在人类拥有并使用火之前,这种东西是为豹子所有的,后来豚鼠从一只豹子那里将火偷了过来,但是它并没有直接将火赠予人类,而是用于烹饪自己的食物,却意外地点燃了草地,引发了大火,马塔科人就从这偶然的事故中获得了第一颗火种。[68] 巴西中部的巴卡伊利人相信,最初将火偷来并将其传给人类的是一只鱼和一只蜗牛。确切地说,是一对伟大的孪生兄弟,他们伪装成了这两种生物,得以从世界之初的火之主那里将火夺取而来,后者也是种动物(*Canis vetulus*)。[69] 厄瓜多尔的吉帕罗人说,他们最初是从一只蜂鸟那里获得火种的,这只鸟是从一个自私的火主人手里将其偷来的。[70]

　　新墨西哥的希亚印第安人说,火是由一只郊狼从蜘蛛那里偷来的,这只蜘蛛住在地下的一个房子里,它派了一条蛇、一头美洲狮和一只熊去把守通向火堆的入口。可是郊狼发现这些守卫和蜘蛛自己都熟睡过去,就趁它们醒来前,将火偷走了。[71] 在美国东南部的一些印第安人部落中,流传着由兔子率先为人们取得火的故事。[72] 苏人和密西西比州的其他

〔65〕 Above, p. 126.

〔66〕 Above, p. 124 *sq.*

〔67〕 Above, p. 125.

〔68〕 Above, p. 125.

〔69〕 Above, p. 129.

〔70〕 Above, pp. 134 *sq.*

〔71〕 Above, p. 139.

〔72〕 Above, pp. 147 *sqq.*

印第安人部落有个传说,讲的是在一场大洪水之后,只幸存下来一对男女,他们从一只小灰鸟那里获得了火种,这是大神出于怜悯才将这个无价之宝赐予他们的。此后,印第安人们就十分尊敬这种小鸟,从来不杀害它们,他们还模仿这种鸟,也在自己双眼的旁边画上黑色的小条纹。[73] 根据温哥华岛上的努特卡或哈特印第安人所说,火最初是由一只鹿偷来的,而先前将其据为己有的是只乌贼,也有人说是一群狼。[74] 在美国西北部的其他印第安人传说中,鹿作为最先将火偷来并带给人类的动物,也是很常见的;并且他们也都说鹿的尾巴是因为被火烧过才变得又黑又短的。[75] 温哥华岛上的夸扣特尔印第安人就有这种以鹿为主角的神话,但他们还有其他的神话版本,讲的是貂将妖怪酋长的孩子从其家中偷走,引诱酋长用火做赎金,才为人类取得了火。[76] 温哥华岛上纳奈莫部落也有一个类似的故事。[77] 在英属哥伦比亚和阿拉斯加的一些印第安部落中,火的最初引进者又变成乌鸦,这种鸟在这些北方部落的神话中扮演了重要的角色,很多有趣的故事都是以它如何偷取这种宝物的历程为主题的。[78] 白令海峡的爱斯基摩人也类似地传诵着人们从乌鸦那里学来取火技术的神话。[79]

在法国,相传是由鹪鹩或知更鸟首先将火从天上带到大地上来的。据说,知更鸟那红色的胸脯就是因为其羽毛被火烧到才留下的印记。[80]

此外,在很多神话中,并不是由一只单个的鸟或走兽,而是因为很多动物的通力协作,才将火取到的。这些动物排成一列,在前一个动物奔跑得精疲力竭时,就将火传给下一个动物。还有一类,我们已经介绍过,即

---

[73] Above, p. 150.
[74] Above, pp. 160 *sqq.*
[75] Above, pp. 165 *sqq.*
[76] Above, pp. 166 *sqq.*
[77] Above, p. 179.
[78] Above, pp. 167, 176 *sq.*, 182 *sq.*, 185 *sqq.*
[79] Above, p. 188.
[80] Above, p. 190 *sqq.*

先后有很多动物去尝试这艰辛的任务，但最后只有一只成功了。比方说，在澳大利亚神话中，就有隼和鸽子相互协作从袋狸那里偷来火的故事，就是我们所说的这种合作取火型神话的一个例子。[81] 在托雷斯海峡岛民所讲述的一个神话中，蛇、青蛙和好几种蜥蜴都试着去偷火，但最后只有大长颈蜥蜴成功地叼着火游了回来，因它那长长的脖子可以使头部不被海水淹没。[82] 英属新几内亚的马辛格拉人也有类似的传说。[83] 在离新几内亚海岸不远的奇瓦岛上，也流传着这样的故事，动物们一个接一个地想把火从大陆带回来；鳄鱼、食火鸡和狗都没有成功，然后所有的鸟类又接着尝试，最后黑背鹦鹉成功地做到了，但从此它的嘴上被火烧到的那个地方就永远地留下了红色条纹状的痕迹。[84] 在新几内亚摩图部落的神话也有类似的情节，讲的是蛇、袋狸、袋鼠和小鸟都先后失败，最后狗成功得到火的故事。[85] 生活在福尔摩沙山区中的邹人也讲述了类似的故事，即他们的祖先如何在一场大洪水之后重新得到了火：一只勇敢的山羊去取火，却淹死在回来的路上；而后陶龙带着火成功地返回陆地，人们都高兴地拍打它，所以这种动物才长着小小的身躯、光滑的皮肤。[86] 暹罗的泰人则讲述了大洪水之后他们的祖先重新找回失落之火的坎坷经历，他们先是派出猫头鹰和蟒蛇去寻找火，但是这两只动物在半路上被别的事情所吸引，没有到达目的地。后来，一只牛蝇飞到天上，将火带了回来，但确切地说，它带来的并不是火，而是取火术的秘密，这是它趁天神亲自造火时偷窥得来的。[87]

阿德默勒蒂群岛的岛民也有一个相似的故事，说是当世界上还没火的时候，一个女人就派一只海鹰和一只欧掠鸟从天上将火取来。当这两

---

〔81〕　Above, p. 7.

〔82〕　Above, pp. 25 *sq.*

〔83〕　Above, p. 35.

〔84〕　Above, pp. 29 *sq.*

〔85〕　Above, p. 38.

〔86〕　Above, pp. 96 *sq.* 我不知道这里的陶龙是哪种动物。

〔87〕　Above, pp. 101 *sq.*

只鸟飞到天上之后,海鹰先拿到了火;但是在返回地面的途中它又将火转交给了欧掠鸟,后者将火放在了自己脖子的后面,所以被火烧伤了。[88]

罗德西亚北部的拜拉人说,当世界上还没有火的时候,秃鹫、鱼鹰、乌鸦和瓦工黄蜂就决定去天上找到神,并从那里要火来。于是它们就出发了,但几天之后,秃鹫、鱼鹰和乌鸦都死去了,骨骸留在了途中,只剩下黄蜂独自在这艰险的道路上继续前进。到达天上之后,神灵亲切地接待了它,不仅将火送给它,还赐予它祝福。[89]

在墨西哥科拉印第安人的神话里,火开始时是被一只蜥蜴独自占有的,因为与自己的妻子、岳母不和,这个动物就搬到天上生活去了,于是地上的人们就失去了火这种生活必需品。情急之下,人们就派鸟类和走兽去帮他们将火从天上取来。勇敢的乌鸦为了这个任务献出了自己的生命,蜂鸟也失败了,其他的鸟类一个接一个地都败下阵来。最后,负鼠成功地爬到天上,趁看守火的那个老头儿睡觉时,将其偷走了。[90] 新墨西哥州的纳瓦霍人说,在很久以前,火还掌握在动物们的手里时,人类是没有火的,于是郊狼、蝙蝠和松鼠就决定一起帮助它们的朋友印第安人把火夺过来。当其他的动物在火周围游戏时,郊狼就设法偷来了一些炭灰,然后逃走了,其余的动物就紧紧地追在后面。等到郊狼跑不动时,就将火传给了蝙蝠,后来当蝙蝠也疲惫时,又将其递给松鼠。松鼠凭借自己的灵敏与坚韧,成功地将火转交给了纳瓦霍人。[91] 在北美的印第安人中,这类由许多动物健将接力传火的神话显然是广为流传的:犹他州的犹他印第安人[92]、加利福尼亚的卡洛克印第安人[93]、英属哥伦比亚的汤普逊印第

---

[88]　Above, p. 48.

[89]　Above, pp. 112 *sq.*

[90]　Above, pp. 136 *sqq.*

[91]　Above, pp. 139 *sq.*

[92]　Above, pp. 142 *sqq.*

[93]　Above, pp. 153 *sq.*

安人[94]，以及生活在该省更北部的、居于山脉北坡的卡斯卡印第安人等[95]，都有这种神话传说，只是在细节上稍有不同而已。这类神话在法国的传说中也可以看到，讲的是一只鹪鹩将火从天上偷来，又被迫将这宝物转交给知更鸟，而它后来又将其传给云雀，这才安全地将火带回地面。[96]

切诺基印第安人也有一个合作型的神话，但是并没有接力跑的情节。他们说，世界上最早的火储存在一棵中空的梧桐树里，而这棵树又位于一个岛屿上。那时候，动物们和人类一样，都没有火，于是它们就凑在一起商量取得火的办法。乌鸦飞越水面来到树旁，但当它扑腾到树上时，火的热浪就将其羽毛熏黑了。然后，又轮到小苍鹭去冒险，可是当它向树洞里张望的时候，热气瞬间就将它烫得半瞎，从此它的眼睛就变成了红色。接下来是猫头鹰和雕鸮，它们的运气也没好到哪儿去，从那燃烧的梧桐树里冒出的烟差不多把它们熏得失明，烟灰还在它们眼睛的周围造成了一对白圈，从此再也没能擦下去。就这样，鸟类都尽力了，却全无成功，后来小黑背蛇与大黑背蛇一个接一个地钻进燃烧的树洞里，结果却被烟呛得不知所措，火焰还把它们燎得黢黑，从此它们的皮肤就永远是黑色的了。最后，水蜘蛛从水面上跑过去，来到岛上，它先用从身体里抽出的丝缠出一个碗状的线团，然后将火放在里面，终于成功地将其带了回来。[97]

加利福尼亚的尼士纳姆印第安人则说，当世界上仅有的火还藏匿在西边某个遥远的地方时，蝙蝠就建议蜥蜴去把火偷来。蜥蜴答应后，就去偷火，但在返回的途中却将草地点燃了，只好狂奔逃命。怂恿这个贼的蝙蝠也得到了相应的惩罚，火几乎将它的眼睛烧瞎。尽管蜥蜴找来一些树

---

[94]　Above, pp. 173 *sq.*

[95]　Above, pp. 183 *sq.*

[96]　Above, p. 192.

[97]　Above, pp. 151 *sqq.*

脂涂在它的眼睛上,但收效甚微,从此之后蝙蝠在白天就成了一个睁眼
瞎,看一看它那黢黑的样子,便能想象当时灼烧它的大火有多么猛烈。[98]
而加利福尼亚的麦都印第安人讲的故事则是关于老鼠、鹿、狗和郊狼如何
从雷神那里偷火的传说,这个神也把火藏在了西边的某个地方。偷火的
动物成功地溜了进去,然后,狗把一些火藏进自己的耳朵里,鹿则将其放
在自己的跗关节上,而后便将其带走了。鹿腿的这个部位至今仍然有一
个红点,无疑是被火烧灼而成的。[99]

　　那么,为什么在这些神话中,火最初都是由动物或鸟类取得的呢?对
于这个问题,恐怕连今天的那些土著人也不能说出其中的原因。然而,最
有可能的答案似乎应是这样:这些神话的主旨首先是要说明动物们的各
种颜色和习性是如何造成的,原始人设想这都是来自取火的行动;而对于
火起源或者火如何被发现所进行的解释,在这类故事里都仅仅只占次要
的位置。如果这个猜想是正确的话,那么我们所研究的神话与其说是物
理学的,还不如说是动物学的。而在探索这类神话时,我们应牢牢谨记,
它们与“野蛮人”原始的哲学息息相关,在人类和较之更低等的动物之间
没有做出明确的区分;相反,“野蛮人”却常常将这些动物的生活方式、思
考方式描绘得与自己很相似。所以,诸如动物拥有火、使用火这样的想法
在他们看来就没有什么荒唐和不合理之处了,也就更不用说动物可以先
于人类掌握火,或凭借各自的手段将火带给人类这样的情节了。

　　我们也可以很自然地猜想到,在原始人能够为自己人工取火之前,他
们能够取得火种的来源之一就是火山,但是在火起源的神话中,似乎从没
有哪个故事提到或是暗示到了火山的作用。对于这种普遍的现象,最为
多数的例外都来自波利尼西亚神话,其中有不少故事描述的是一位伟大
英雄如何从地下世界将火带到了地面,在那里,英雄总会遇到一位可怕的
神灵或说火神。在我们已经读到的该神话的萨摩亚版本中,这个地下的

---

〔98〕　Above, p. 156.
〔99〕　Above, pp. 157 *sq.*

火神同时也是地震之神,在故事中,曾有他突然吹散火炉,使得石头四溅的情节,这很有可能是对火山爆发的神话式描述。[100] 对此,我们不应忘记,位于夏威夷的火山是世界上最大的火山之一;所以不难想象,既然这里的人们长期生活在它的威胁下,并曾经见识过其可怕的爆发,那么也就很有可能将他们的火起源神话与这充满炽热岩浆的大火山联系在一起了。

此外,居住在英属哥伦比亚北部内陆地区的巴宾印第安人在他们的一个火起源神话中也有类似的描述,说是看到一座山上先是升起了一缕烟,然后就冒出了火焰。[101] 我对此也做过推测,这应该是在描述美洲西北部一座火山爆发时所冒出的浓烟和火柱。

在昂通爪哇和吉尔伯特群岛的神话中,我们都读到了类似的有趣情节,即火最初乃是起源于大海中,[102]这种设想的灵感之源可能是热带海洋那美丽而令人震撼的美景——阳光在一望无际的宽阔海面上反射着刺眼的光芒,波光粼粼如火花般闪烁着。而这种奇观并不仅仅限于热带,也很有可能激发了努特卡人与海达人的神话灵感:在前者的传说里,火最初只在一只乌贼的家里燃烧着;[103]在后一个的故事中,乌鸦来到大洋深处,躲过各种危险鱼类的攻击,将火取到,并带回到了陆地上。[104]

四、燃火时代

从火起源的神话中我们已经知道,人类取得并可以使用火之后,对于如何生火仍旧是一无所知的,恐怕是在经历了很长时间之后,才发现了一

---

[100]　Above, pp. 72—74.

[101]　Above, p. 185.

[102]　Above, pp. 53 *sq.*, 88 *sqq.*

[103]　Above, p. 160.

[104]　Above, p. 186.

种或多种取火方法,"野蛮人"要么是至今还用这些方法来点火,要么就是在接受现代文明的更为精良的方法前,一直都还使用着这些原始的方法。在这些原始的方法中,最为常见的两种就是摩擦木头和燧石相击,它们在火起源的神话中都是非常显著的。其中,摩擦木头被更为普遍地采用,在神话中也最为常见。因此,我们先来探讨这一类方法。

通过摩擦木头来生火的方法也有很多种不同的形式,其中有三种最为突出,它们的名字分别是钻木取火、锯木取火和犁木取火(或棍槽取火)。而在几种方法之中,又属钻木取火在落后人种中最为流行。可想而知,它在神话中的出现次数也是最多的。[105]

钻木取火作为最简单的生火方法,是由两根木棍组成的,其中一根平放在地上,用另一根的顶部垂直压在它的上面,然后双手合掌疾速地旋转那垂直的木棍——或称钻木——直到它在另一根木头上钻出一个洞;继续用力旋转,就会摩擦生热并着起火来;然后再使用各种助燃物来促使其进一步燃烧,生成火苗。

还可以用很多种装置来改进这种最简单的方法,比如将绳子或皮带缠绕在钻木上,拉住两端来旋转,会使速度加快很多。钻木取火法在世界各民族中被广泛采用,不仅包括塔斯马尼亚、澳大利亚、新几内亚、非洲、美洲和亚洲的那些"野蛮人"及非文明部落,就连很多古代的,乃至今天

---

[105] 参见本书索引中"钻木取火"一条。关于常见的原始取火术,参见 E. B. Tylor, *Researches into the Early History of Mankind*² (London, 1870), pp. 238 *sqq.*; W. Hough, "Fire-making Apparatus in the United States National Museum," *Smithsonian Institution*, *Report 1887—1888* (Washington, 1890), pp. 531—587; *id.*, *Fire as an Agent in Human Culture* (Washington, 1926), pp. 84 *sqq.*; A. E. Crawley, *s. v.* "Fire, Fire-Gods," in J. Hastings's *Encyclopaedia of Religion and Ethics*, vol. vi. (Edinburgh, 1913) pp. 26—27. 对这个主题我已经收集了不少资料,但是其中的多数只能留在其他场合来讨论了。

的文明种族,如埃及、印度、日本和欧洲的居民,也仍旧会使用它。[106]

那么,人类是如何发现钻木取火这种生火技术的呢? 有一个火起源的神话或许能给我们提供答案。这就是我们已经介绍过的巴松戈诺曼人的神话,他们是非洲刚果谷地的一支部落。说在太初之时,他们用酒椰的枝条来制作捕鱼陷阱。一天,当一个男人在制作这种陷阱时,需要在一根枝条的末端钻一个孔,于是就找来了一根尖头的木棍。在他钻孔的过程中,火就从中冒了出来,人们就这样发现了取火的方法。[107] 我们可以设

[106] E. B. Tylor, *Researches into the Early History of Mankind*[2], pp. 240 *sqq.* ; W. Hough, "Fire-making Apparatus in the United States National Museum," *Smithsonian Institution*, *Report 1887—1888*, pp. 531 *sqq*; *id.* , *Fire as an Agent in Human Culture*, pp. 84—103. 在牛津的皮特-里弗斯博物馆,亨利·贝尔福先生曾向我展示过该馆所收藏的一套塔斯马尼亚取火钻木(1921 年 8 月 19 日);他还告诉我,已故的埃夫伯里勋爵(Lord Avebury)还有另外一套塔斯马尼亚取火工具。至于新几内亚的钻木取火工具,可参见 R. Neuhauss, *Deutsch-Neu-Guinea* (Berlin, 1911), i. 257, iii.. 24; A. F. R. Wollaston, *Pygmies and Papuans* (London, 1920), p. 68 *sq*。还有一些关于非洲人广泛使用钻木取火的文献,参见 F. Fülleborn, *Das deutsche Njassa-und Ruwuma Gebiet* (Berlin, 1906), p. 91; H. Rehse, *Kiziba*, *Land und Leute* (Stuttgart, 1910), pp. 19 *sq.* ; G. St. J. Orde Browne, *The Vanishing Tribes of Kenya* (London, 1925), pp. 120 *sq.* ; C. K. Meek, *The Northern Tribes of Nigeria* (Oxford University Press, 1925), i. 172; S. S. Dornan, *Pygmies and Bushmen of the Kalahari* (London, 1925), pp. 116 sq. ; E. W. Smith and A, M. Dale, *The Ila-speaking Peoples of Northern Rhodesia* (London, 1920), i. 143; F. H. Melland, *In Witch-bound Africa* (London, 1923), p. 159; J. A. Massam, *The Cliff-dwellers of Kenya* (London, 1927), pp. 96 *sq.* ; Henri A. Junod, *The life of a South African Tribe*, Second Edition (London, 1927), ii. 34 *sq*。我的一位朋友,法兰西学院的亚历山大·莫莱特(Alexandre Moret)教授曾在巴黎告诉我,古埃及人也是用钻木取火法来生火的。他说,虽在任何古籍中都未曾记载其具体的步骤,但是钻木已经被发掘出来,在下面那根木棍的孔里,还保留着炭黑色的着火痕迹。参考 A. Erman, *Ägypten und ägyptisches Leben im Altertum*, neu bearbeitet von H. Ranke (Tübingen, 1923), p. 217。关于古印度的钻木取火,可参见 Adalbert Kuhn, *Die Herabkunft des Feuers und des Göttertranks*[2], (Gütersloh, 1886), pp. 14 *sqq.* , 64 *sqq*。婆罗门在点燃圣火时仍然会使用这种古老的工具。参见 W. Crooke, *Religion and Folklore of Northern India* (Oxford University Press, 1926), pp. 335 *sq*。关于古希腊和罗马的钻木取火,参见 A. Kuhn, *op. cit.* pp. 35—39; M. H. Morgan, "De ignis eliciendi modis apud antiquos," *Harvard studies in Classical Philology*, i. (1890) pp. 13—34. 关于现代欧洲的钻木取火,可参见 J. Loewenthal und B. Mattlatzki, "Die europäischen Feuerbohrer," *Zeitschrift für Ethnologie*, xlviii. (1916) pp. 349—369; J. Loewenthal, "Übereinige altertümliche Feuerbohrer aus Schweden," *Zeitschrift für Ethnologie*, l. (1918) pp. 198—203。

[107] Above, p. 116.

想一下,当金属工具还未出现时,人类必定只能用木头来在其他木材上钻孔,在这种操作中偶然地发现钻木可以燃火似乎是很有可能的,它在人类的历史中应该是多次发生过的,结果使许多民族都独立地发现了这种方法。因此,我们不必相信单次发明的假说*,认为只存在一个普罗米修斯,以至于全人类都是从他那里获得那宝贵的火种的。

用钻木取火这种方法来解释很多神话中的奇特情节似乎也是可能的。例如,有的神话说火是从一个女人右手的第六根手指里取出来的,[108]有的说是从女人右手的拇指出来的,[109]也有的说是从一个女人左手拇指与食指之间的地方生出来的,[110]也有的说是从一个女人右手的虎口里出来的,[111]还有说是从一个男人右手的虎口中出来的,[112]或从一个男孩右手食指的指尖处冒出来的,[113]以及有的说是来自火神的手脚指甲里,[114]或者是来自他的手指头里。[115] 这类认为火从手中产生的观念很有可能发端于钻木取火,特别是其用双手合十来转动钻木的动作,而燃烧的手指可能也是对木棍顶端着火这一现象的神话表达;至于火从手掌虎口处冒出来的观念,则可能更加直接地来自对木棍在手中旋转位置的观察,而没有借助多少想象力的创造。

此外,还有一种观念认为火来自女人的身体,特别是她的生殖器,[116]

---

* 单次发明的假说是 19 世纪末、20 世纪初人类学中的传播论学派所持的观点,认为世界上相似的文化现象都是在某处被创造出后,通过传播而分布于其他地方的。相反,进化论学派则相信人类的心智具有一致性,相似的文化事物是在不同地区被独立地、多次地、先后地创造出来的,弗雷泽就是该学派的代表。——译者

[108] Above, pp. 25—27.
[109] Above, p. 27.
[110] Above, p. 28.
[111] Above, p. 31.
[112] Above, p. 32.
[113] Above, p. 34.
[114] Above, pp. 56 *sq.*
[115] Above, p. 58.
[116] Above, pp. 23 *sq.* , 43 , 45 ,49 , 85 , 131 , 131 *sq.* , 133.

这在我们已经阅览过的神话中[117]也可以找到合理的解释,即很多野蛮民族都将钻木取火的形态类比成两性的交媾。在所有这类例子中,那根平放的、有孔的木棍都被说成是女性的,而那根垂直的、钻孔的木棍则是男性的;因此在这种比喻里,钻木取火所点燃的火就被说成了是从女人的身体中生出来的,特别是出自她的生殖器,这代表着钻木取火过程中木棍旋转时所对准的那个孔洞。时至今日,婆罗门的火祭司(*Agnihotra*)仍然需要与妻子一起用钻木的方法来点燃圣火,在这个仪式中,上述比喻不仅得到明晰的确认,而且还被现实地执行。在造圣火的前一个晚上,应由祭司本人照看上面那根插入的钻木,而由他的妻子照看下面的那根木头,然后夫妻俩就要带着这两部分的木头同眠,"取火的过程象征着交合"。第二天早上,他们再一起点燃圣火;男人紧紧扶住钻木,保证它不会脱离下面木棍上的孔洞,而他的妻子则拉动缠绕在上面的绳子,使其转动,待火点燃后再将其转移到火绒上。在履行这项神圣的职责时,夫妻二人都要遵守某些特殊的禁忌。[118]

这个比喻也可以用来说明为什么在有些神话中女人比男人更早地拥有了火。[119] 因为,既然旋转木钻可以使得木板着火,那么"野蛮人"就很自然地会认为在钻木之前,火就已经存在于木板中了,用神话的语言说出来,就变成了火首先内在于女性的身体里,而后才被男人抽取出来。这和"野蛮人"相信所有的树木中都储存着火,因此通过摩擦就可以将它们点燃是一个道理。所以,原始思想中那种认为火在为男人所拥有之前乃掌握在女人手中的观念,便顺理成章了。

钻木取火虽然最为流行,但是并不是唯一被"野蛮人"用来取火的工具手段,除此之外还有其他同样是通过摩擦木头来取火的办法,这就是锯木取火法,包括了两种不同的种类,坚硬的火锯和弹性的火锯。其中,硬

---

〔117〕 Above, p. 46.

〔118〕 W. Crooke, *Religion and Folklore of Northern India* (Oxford University Press, 1926), p. 336.

〔119〕 Above, pp. 5, 15, 23, 25, 27, 42, 43 *sq.*, 44 *sq.*, 49, 90 *sq.*, 131, 131 *sq.*, 133.

火锯需要用到一根木头或竹片,然后像拉锯子一样,在另一块木头或竹片上迅速地前后摩擦,直到点起火来。这种方法最常用的工具是竹子做的,其硅质的表皮在摩擦中是非常容易着火的。将一根锋利的竹片在另一根凸面的竹片上迅速抽动,逐渐将其锯开,锯末就会落在下面事先放好的助燃物上。亨利·贝尔福先生告诉我,这是最为容易的取火方法,他自己曾用这种方法在四十秒钟就生出了火。这种工具在过去,乃至今日仍旧被很多地方的土著所使用,如马来群岛、菲律宾群岛、尼科巴群岛(Nicobar Islands)、缅甸、印度和欧洲的某些地区。[120] 已故的威廉姆·克鲁克(William Crooke)*曾谈到:"丛林中的种族使用摩擦的方法来取火是很自然的,他们必定常能见到竹子在夏季的热风中相互摩擦,然后着起火来。在这种情况下是很容易发展出那种很原始的火钻的,也就是艾斯格拉(Asgara),直到今天,生活在丛林中的彻罗人(Cheros)、科瓦人(Korwas)、布维亚斯人(Bhuiyas)等达罗毗荼部族仍旧在使用这种工具取火。先在一根干竹条上弄出一个小圆洞,然后由两个人轮流将另一根同种木材做成的尖锐竹签插在里面,并合掌旋转它。很快就会冒出烟和火来,底下放好干树叶和其他助燃物,火星就会落在上面。"[121]

弹性火锯是用一根能弯曲的竹条、藤条,或者其他合适的木材制作而成的,将它在一片竹子或木头上迅速地前后抽动,向拉锯条一样,逐渐就会产生很多细细的锯末,而摩擦产生的热量会使它们闷燃。再加入一些干草或别的助燃物,闷燃的锯末就很容易着起火来。亨利·贝尔福先生曾经仔细地研究过这种点火方法在地理上的分布。从阿萨姆的那加山

---

[120]　E. B. Tylor, *Researches into the Early History of Mankind*^{2}, p. 240; W. Hough, *Fire as an Agent in Human Culture*, pp. 104—106; H. Balfour, "Frictional Fire-making with a flexible sawing-thong," *Journal of the Royal Anthropological Institute*, xliv. (1914) p. 32.

　　*　英国东方学学者、民俗学家。——译者

[121]　W. Crooke, *Popular Religion and Folk-lore of Northern India* (Westminster, 1896), ii. 194. 然而,克鲁克在这一段所描述的工具是火钻,而非火锯。

（Naga Hills）到安南*的吉大港山（Chittagong Hills），再到马来半岛、婆罗洲和新几内亚，都存在这种取火的方法，而他在欧洲，特别是在瑞典、德国和俄罗斯，也发现当地人会用这种方法来点燃庆典中的薪火，也就是一般所谓的篝火（need-fire）**。[122]

弹性的和坚硬的两种火锯都在火起源的神话中出现过。在奇瓦岛的故事中，我们就见过弹性的火锯，说的是神灵来到一个人的梦境里，教会他用弓弦锯木头来取火的技术；[123] 而在另外一个奇瓦岛神话中，也讲到一个小男孩在用竹绳锯一块木头时偶然发现了取火的方法。[124] 在西里伯斯的托拉迪亚斯人传说中，则能看到对硬火锯的描述，其中天神就是用两根竹片相互摩擦来取火的，[125] 暹罗的泰人或傣人也有类似的故事。[126] 此外，缅甸的克钦人说，在世界之初，神灵曾让一对男女一起摩擦两根竹片，从而教会了他们取火的方法。[127] 婆罗洲北部的奇奥杜顺人说，两根竹竿在风中摩擦着火，从而诞生了第一颗火种。[128] 我们现在已经了解，这种竹子自燃的现象在丛林中是颇为常见的。[129] 所以，在很多地方，"野蛮人"通过这种现象获得火种并学会了取火的方法，看来是极有可能的。能够这样取火的环境必定在竹林的深处，因此一般也就总是在

---

*　即今天的越南。——译者

**　指北欧某些传统异教节日里的火堆，如每年仲夏节里点燃的新火。——译者

[122]　Henry Balfour, "Frictional Fire-making with a flexible sawing-thong," *Journal of the Royal Anthropological Institute*, xliv. (1914) pp. 32—64. 贝尔福先生还发表了一篇重要的报告，记录的是一种运用活塞压缩空气来取火的方法，这种方法存在于缅甸、马来半岛、苏门答腊岛、婆罗洲、爪哇和菲律宾群岛的一些落后民族中；但是在任何一篇火起源神话中似乎都没有涉及这种方法，因此在本书中我们没有讨论它。参见 Henry Balfour, "The Fire-piston," in *Anthropological Essays presented to Edward Burnett Tylor* (Oxford, 1907), pp. 17—49。

[123]　Above, pp. 36 *sq.*

[124]　Above, p. 37.

[125]　Above, p. 94.

[126]　Above, pp. 101—103.

[127]　Above, p. 103.

[128]　Above, p. 95.

[129]　Above, p. 221.

热带地区。

　　还有一种被"野蛮人"使用的、通过摩擦木头来取火的方法,即所谓的犁木取火,或称棍槽法。这种方法是将一根木头的顶端嵌入另一根木头的槽里进行摩擦,直到产生的热量使其燃烧起来。我们在不少对太平洋岛民的记载中都见到过这种简易的方法,特别是在波利尼西亚,以及美拉尼西亚、新几内亚和婆罗洲。[130]　但是这种方法在非洲[131]和美洲[132]的神话中却比较少见。不过,在这些地方的一些神话中,它也很有可能是被含蓄地表达出来的,只是被神话报告人的诸如"摩擦木头""将两根木棍相摩擦"这样的习惯用语所遮蔽了。当然,这些表述也同样适用于另一种工具,即钻木取火的火钻。

　　既然摩擦木头、竹子是原始人最为常用的取火方法,那么他们也就很自然地会认为火是一种储存在树木中的物质,至少是储存在他们常用来取火的那些树种中。因此,有很多火起源神话都曾试图解释可燃物质是如何被储存进树木中的,[133]其中有些故事认为是在闪电击中树木时将火放进去的。[134]

　　在很多神话中,火都被认为是事先储存在特定种类的树木中,然后运用摩擦的方法才能将它们取出来的。这类树木有黄万年青[135]、竹子[136]、

[130]　E. B. Tylor, *Researches into the Early History of Mankind*[2], pp. 239 *sq.*; W. Hough, *Fire as an Agent in Human Culture*, pp. 107—109; W. Marsden, *History of Sumatra* (London, 1811), pp. 60 *sq.*; A. R. Wallace, *The Malay Archipelago* (London, 1869), ii. 34.

[131]　W. Hough, *op. cit.* p. 109.

[132]　W. C. Farabee, *The Central Caribs* (Philadelphia, 1924), p. 38. (在英属圭亚那的加勒比人那里)。

[133]　参见书后索引中的"树"条目。

[134]　Above, pp. 151, 155; compare pp. 90, 92.

[135]　Above, pp. 12, 14.

[136]　Above, pp. 26, 28, 94, 95.

木槿[137]、番樱桃树[138]、椰树[139]、面包树[140]、破布木属植物[141]、荨麻属植物[142]、榕树（*Ficus indicus*）[143]、木棉树[144]和杉树[145]等。在这几种树木中，最为常见的是木槿树，据达尔文的记录，在塔希提（Tahiti），当人们用棍槽法生火时，用来作引火木材的正是黄槿。[146] 而非洲东南部的宋加人则有另一种特殊的木槿，他们称之为布罗罗（*bulolo*），也是一种很适合用来取火的木材。[147]

然而，有时"野蛮人"并不使用摩擦木头的方法，而是将石头相互撞击来取火，或在更为进步的阶段，将燧石与铁器相碰撞来生火。显然，这种取火方式较之于摩擦木头的方法更为罕见，在全世界并没有广泛的分布。该取火方法所使用的石材是二硫化铁（"火石"），也可以称为黄铁石、燧石等。爱斯基摩人及加拿大的一些印第安人部落都曾使用过这种方式来取火，此外，火地岛上的原始居民也有使用该方法的，但是在这南北两端之间的美洲大陆上，这种技术却鲜有耳闻。[148]

在已经浏览过的火神话中，我们有充足的根据可以相信神话作者对于石头相击可以产生火，或至少能迸发火星的现象，乃是相当熟悉的。例如，巴西北部的陶利旁印第安人就说，很久以前，火从一个女人的身体里转移到了一种名为瓦图的石头上，击打它就能生火。[149] 另外，新墨西哥

---

[137]　Above, pp. 26, 71, 77, 79, 85, 92.

[138]　Above, p. 26.

[139]　Above, p. 70.

[140]　Above, p. 71.

[141]　Above, p. 71.

[142]　Above, pp. 77, 79.

[143]　Above, pp. 77, 79.

[144]　Above, pp. 85, 95, 135.

[145]　Above, pp. 186 *sq.*

[146]　Charles Darwin, *Journal of Researches* (London, 1870), p. 409.

[147]　Henri A. Junod, *The life of a South African Tribe*, Second Edition (London, 1927), ii. 33.

[148]　E. B. Tylor, *Researches into the Early History of Mankind*², pp. 249 *sq.*; W. Hough, *Fire as an Agent in Human Culture*, pp. 111—113.

[149]　Above, p. 131.

州的希亚印第安人说,创造了人类和动物的那只蜘蛛就曾在它的地下房子里将一块尖头石头与一块扁圆石头相摩擦,从而造出了火。[150] 这两个神话似乎可以证明,无论陶利旁人和希亚人是否使用燧石取火,他们至少对于用这种石头生火的方法是熟识的。还有,英属哥伦比亚的卡斯卡印第安人说,在很久以前当人们还没有火的时候,熊却拥有一块火石,无论什么时候它都能生出火来。但是一只小鸟将这块石头偷走了,在几经转手后,或确切地说是几经转"爪"后,最后由狐狸将其带到了山顶上,打碎成好几块,分给了印第安人的各个部落。就这样所有的人都有了火,从此火就储存在了各地的岩石里。[151] 此外,查塔姆群岛上的莫瑞欧瑞斯人也有个故事,讲述的是髦希卡将火投掷进燧石里,此后从燧石中就能将火取出来了。[152]

在那些具有较为高级文化,或与文明世界交往得更为紧密的民族中,其神话往往会涉及运用燧石与钢铁来生火的内容,或至少是石头与铁能产生火的情节。例如,西里伯斯中部的托拉迪亚斯人就有个故事,讲的是一只狡猾的昆虫设法偷窥到天神将一颗燧石与一把砍刀相击来造火的传说。[153] 此外,西伯利亚南部的鞑靼人也有个故事,说的是在人类被创造出来后,三个女人根据神透露出的线索将石头与铁器相撞击,成功地造出了火。[154] 马达加斯加的萨卡拉瓦人和齐米赫蒂人讲述过这样的故事,在一场与雷电所进行的激烈战斗中,火被击败了,它们就躲进了各种事物中,比如木头、铁以及硬石;故事还说,正是因为这个原因,人们将干树枝相互摩擦,或者用燧石敲打钢铁,就都能生出火来。[155] 而据阿拉斯加的特领吉印第安人说,在太初之时,全世界只有一个小岛上存在火,乌鸦飞

---

[150] Above, p. 139.

[151] Above, pp. 183 *sq.*

[152] Above, p. 59.

[153] Above, p. 93.

[154] Above, p. 104.

[155] Above, pp. 108—110.

到那里,用喙叼起一根火把;可是火将它的喙烧掉了一半,到达岸边后,它就将燃烧的炭灰扔在地上,溅起的火星都落进了石头与树木中。特领吉人说,这就是石头与木头仍然包含火的原因:当你用石头敲击钢铁时,就会产生火花;而将两根木头相互摩擦,就能生出火来。[156]

只要想象一下,在金属被发现之前的漫长岁月里,旧石器与新石器时代的人类为了制造出那些粗陋的工具,那些至今还散落在世界各地的、无以数计的打磨石器,就必须经常将石头敲打塑形,我们便很难否认,通过敲击石头来取火的方法曾经必定是一次又一次地在世界不同地方被独立地发现;而对于那种单次发明的假说,即认为只有过一个普罗米修斯,他的美好发明后来乃是经历了无数次的传播才分布到了全球各地的设想,正如我们在关于钻木取火的讨论中所说的那样,是不值得考虑的。西伯利亚北部的雅库特人就有这样一个传说,讲的是一个老人闲来无事,便拿两块石头相互撞击来取乐,却发现有火花从中迸发出来,以至于点燃了干草,这才偶然地发现了火。[157] 我们不必将这个故事等同于真实的历史,但是其所描述的情节在史前时代应该是发生过无数次的,从而具有代表性的意义。

总之,在这些火起源的神话中,虽不乏各种奇思妙想,掩盖了现实的原貌,但恐怕它们还是包含了一定真实成分的。当我们走进漫长的史前年代,去努力揭开人类古老过去的秘密时,其所提供的这种启迪无疑能为我们的探索指点迷津。

---

[156]　Above, p. 187.

[157]　Above, p. 104.